宜宾学院 2022 年度第一批校级"四新"研究与实践项目立项资助（项目编号 XXWK202202）

宜宾学院 2023 年校级规划教材立项建设资助（项目编号 JC202302）

简易乐器

牟 洁 马 辽◎编著

中国商业出版社

图书在版编目（CIP）数据

简易乐器 / 牟洁，马辽编著 . -- 北京：中国商业
出版社，2023.10
ISBN 978-7-5208-2615-0

Ⅰ . ①简… Ⅱ . ①牟… ②马… Ⅲ . ①乐器制造 – 基
本知识 Ⅳ . ① TS953

中国国家版本馆 CIP 数据核字 (2023) 第 170906 号

责任编辑：陈　皓
策划编辑：常　松

中国商业出版社出版发行

（www.zgsycb.com　100053 北京广安门内报国寺 1 号）

总编室：010-63180647　编辑室：010-83114579

发行部：010-83120835/8286

新华书店经销

定州启航印刷有限公司印刷

*

787 毫米 ×1092 毫米　16 开　12.25 印张　220 千字

2023 年 10 月第 1 版　2024 年 1 月第 1 次印刷

定价：78.00 元

* * * *

（如有印装质量问题可更换）

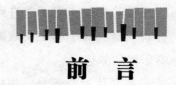

前　言

在绝大多数人的心中，乐器演奏是高高在上、遥不可及的高雅之事，他们错把学乐器、演奏乐器当作少数音乐天才或者富贵人家、高雅之士的事情，很多人从来没有想过自己能有学习与演奏乐器的可能性。这在很大程度上影响了全民音乐文化素养的提高，也影响了音乐教化功能的有效发挥。

其实，大自然在赋予每个人生命的同时，也给予每个人不同程度的音乐天赋，其中当然也包括乐器演奏的天赋。简而言之，人人都可以演奏乐器。

有不少人受到某种因素的影响，比如影视作品引领、明星示范宣传、近邻或同伴影响等，对乐器演奏产生了强烈的兴趣，萌发了演奏乐器的念头。这时，问题来了：乐器呢？一件正儿八经的乐器，少则几十上百元，多则几千上万元，这对于不少经济不够发达、交通与信息还相对比较闭塞的乡村地区，或者是家境还不太富裕的人来讲，就成了一大难题。如何才能实现拥有自己的乐器、能够演奏乐器的梦想呢？

此外，还有不少人为了实现演奏乐器的梦想，盲目地迈出了一步，花几十、几百甚至几千、上万元购买了一件乐器。但买了以后真正适合自己吗？能坚持学习吗？放眼周边，可以发现有不少人花钱购买了乐器，却由于自身条件限制、缺乏正确指导等，没有坚持学下去，逐渐失去了兴趣、淡化了梦想，而将乐器束之高阁，造成了浪费。如果有可能，能否考虑先用便宜廉价的乐器来试试，看看是否适合自己，看看自己能否真正地坚持下去，然后再考虑购买乐器的事呢？

在乡村支教工作中，一些师生常常遇到没有适宜的、足够的乐器等问题。那么，有没有好的办法解决乐器的来源问题呢？

办法是有的，那就是自制简易乐器。通过自制简易乐器，让更多的人能够拥有自己想要的、适合自己的乐器，这样既可以让人们熟悉乐器的结构，又可以让人们加深对乐器的了解，还不会造成浪费。还有人在自制简易乐器的过程中产生创意与灵感，从而走上了乐器创制之路。

正是在这样的想法的驱动之下，笔者开始试着自己动手，探索制作简易乐器。

1

历经数载尝试，有了些许经验，汇集起来编著成此书，希望能够借此帮助那些真心喜欢乐器、勇于动手实践的人们，还有那些渴望拥有乐器的乡村孩子，使其实现演奏乐器的梦想。

本书共六个部分，以能够演奏音乐旋律为基本方向，以工具和材料易于获得、制作技术难度低为前提，以发音体、演奏发音方式等为基本的分类原则，系统地介绍了简易乐器基础知识及四大类共二十八种简易乐器的制作方法，提出了进一步个性化扩展创新建议，并阐述了简易乐器的教育应用。全书融艺术性、科学性、教育性为一体，图文并茂、阐述详尽，富有实践指导性与可操作性，既借鉴了诸多乐器制作先辈、高手的经验，又融入了个人的实践积累，以及近几届小学教育专业的师范生在自制简易乐器活动过程中所迸发出的各种创意，所述简易乐器的设计思路与制作方法具有针对性与可行性，能充分满足人们制作简易乐器的需要。

有兴趣者在阅读本书的基础上只需使用各种通用工具、各种废旧物品等，就可以制作出多种能够演奏音乐节奏与旋律的简易乐器，甚至进一步创制出更富有创意的新型简易乐器。

本书由牟洁策划、构思，编写第一、第三、第四、第五、第六章，以及负责全书统稿、插图摄影与制图，马辽负责编写第二章，向荣慧、周思其、何玲及许其鑫等参与了部分资料收集整理与文稿审校工作，宜宾学院教育学部科研办主任兼初等教育系系主任郑婉秋博士对本书的编撰工作提出了宝贵的指导意见。

本书的编写得到了一线小学、教培机构、生产厂家的大力支持与参与。其中，宜宾市中山街小学李江老师等人参与了城区小学简易乐器活动需求调研、简易乐器研制、简易乐器活动案例收集整理等工作，宜宾市兴文县共乐镇共乐小学校李芳老师等人参与负责乡村小学简易乐器活动需求调研、乡村小学简易乐器活动案例收集整理等工作，成都万安闹不醒文化传播有限公司沈佳莉参与了教培机构简易乐器活动需求调研、简易乐器活动案例收集整理、简易乐器试制等工作，宜宾市出彩艺术培训学校侯丽参与了教培机构简易乐器活动需求调研、简易乐器活动案例收集整理、简易打击乐器研制等工作，宜宾市长宁县兴强竹制品厂赵光奎等人参与了简易竹乐器市场需求调研、简易竹乐器设计与制作案例收集整理、简易竹乐器试制与零部件加工等工作。

本书的编写工作不仅得到了宜宾学院教育学部刘薪书记、副部长杜江博士等学部领导的大力支持与悉心指导，还得到了小学教育专业全体同事的热心支持与帮助，在此表示诚挚的感谢。同时，笔者要特别感谢学校教务处的领导与老师，在他们的帮助与指导下，本书获得了学校 2022 年度第一批校级"四新"研究与实践项目立项资助（项目编号 XXWK202202）以及学校 2023 年校级规划教材立项建设资助（项目编号 JC202302）。

本书在编写的过程中，得到了宜宾学院教育学部小学教育专业学生们的大力支持与热情帮助。小学教育专业 2014 级学生罗欢、李鑫参与了简易葫芦丝样品的研制（获得宜宾学院"化学与化工学院第九届简易品制作大赛"非专业组一等奖），易欢欢参加了简易小提琴样品的研制（在宜宾学院"第四届科技文化节·趣味活动"中获得二等奖）；2016 级学生龚琴、张琴、刘春欢同学设计并制作了简易篓篌样品（获得宜宾学院"第五届'挑战杯'大学生课外学术科技作品竞赛"三等奖），钟毓婕、李舒婷、王偲玮设计制作了简易古琴样品，詹小贤、陈静设计制作了简易电声大提琴样品；2018 级 2 班学生袁欢欢参与设计研制了简易尤克里里，2018 级学生罗彬媛参与了简易里拉琴的研制，2019 级 2 班学生范倩参与了简易二胡的研制；2017 级学生唐兴、刘靖珍及 2020 级学生梁杰、冯馨雨、邓于、陈旭参与了部分内容的资料收集、编写与审校工作，在此对参与工作的全体学生表示衷心的感谢。

为便于清晰地标注制作参考尺寸及说明文字，本书中部分插图没有按实际比例来绘制，敬请读者在阅读和使用时注意。

此外，本书参考、引用了部分网络资料，笔者在此对这些作者表示衷心的感谢。

由于笔者水平有限，本书存在一些不足之处，还望广大乐器演奏与制作爱好者能不吝赐教，特此感谢。

牟洁　马辽

2023 年 7 月

目 录

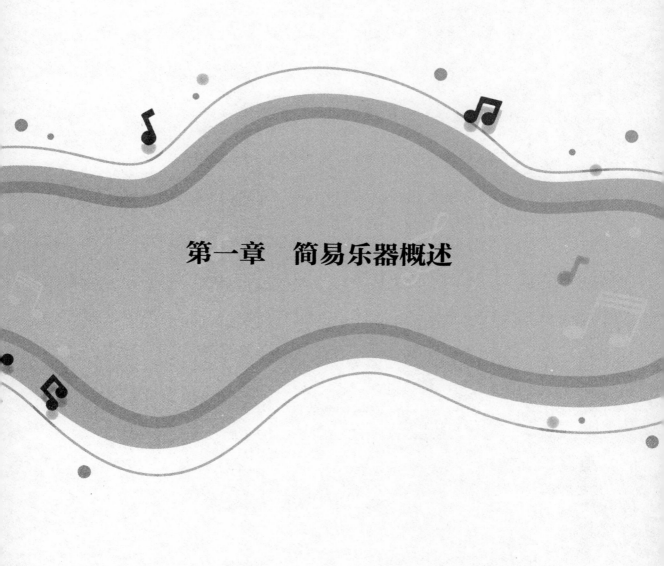

第一章　简易乐器概述

第一节　初识简易乐器

随着我国社会经济不断发展，大众生活水平不断提高，人们对美好生活的向往与追求日益增长，带动了音乐艺术特别是乐器演奏活动的发展与普及。越来越多的民众参与到各类乐器学习与演奏活动中，同时带动了各类乐器的自制活动。简易乐器逐步进入大众视野，成为众多手工制作与乐器爱好者的热门话题，并因其教育功能价值很高而渗透到各级各类学校教育中，发展成为不少学校的特色项目，对学生核心素养与综合能力的培养产生了重要的作用。

一、乐器概述

乐器是人类自古以来就拥有的宝贵艺术财产，并随着人类社会的进步而不断发展、丰富。长期以来，对于乐器的定义，有广义与狭义之分。

（一）狭义之乐器

从狭义角度来讲，音乐专业人士普遍认为，乐器是能够产生乐音，并能进行音乐艺术再创造的专用器具。[①]其通常指钢琴、二胡、小提琴等各类由专业人员借助专业工具，运用专业技术、使用专业材料制作而成的专业化乐器。

（二）广义之乐器

实际上，除了音乐专用器具，在许多非音乐领域，能够以某种方式发出声音的器具，如古代战争中的鸣金击鼓及各类武器、宗教祈祷诵经中敲打的法器、商贩招揽叫卖的信号器、生产劳动中的工具、婚丧活动中的礼仪信号用具、日常生活中的杯碗碟盘等，都可以用于产生特殊性音乐，同样可以视为乐器。比如，奥地利作曲家利奥波德·莫扎特（Leopold Mozart）在其《玩具交响曲》中就大量地使用了各种

---

① 周晋民.乐器学研究的五个世纪（上）[J].黄钟（武汉音乐学院学报），2018（3）：109-125.

常见的儿童玩具来参与演奏。① 因此，从广义上讲，凡是能够产生音乐、能参与音乐演奏活动的器具，都可以认为是乐器。

从广义的角度理解乐器，有利于跨越专业的限制与束缚，扩展音乐器具的选择空间，推动乐器演奏活动的普及，让音乐艺术能够更广泛地惠及追求美好幸福生活的普通民众。

二、简易乐器概述

此处论述、介绍的简易乐器，是相对于真正的、专业化生产制作的专业乐器而言的。

（一）制作简易乐器的必要性

通常，专业乐器不仅要有精美的外观造型，还要有良好的声学品质，其中包括音色、音乐和规定的音准高度。因此，专业的乐器制作，在材质选择、制作工具以及技术工艺上，都有严格的要求。这在很大程度上导致专业乐器往往具有相对不菲的价格，从而让人望而却步。虽然现在人们的生活条件有了较大的改善，手里有了些余钱，但如果盲目购买，又因多种因素不能坚持学习，导致乐器闲置，则会带来不必要的隐性浪费。因此，不太值钱而又具有相应演奏功能的自制简易乐器，成了初学者尝试乐器学习的绝佳选择。

在我国，还有不少中小学校特别是乡村乡镇学校，没有足够数量与种类的乐器供学生学习演奏使用。而随着"乡村振兴"战略的实施、教育改革的不断深化，中小学校对乐器的需求不断增加，部分学校教师开始尝试仿照专业化生产的乐器，自制各类简易乐器，以满足学生参与乐器演奏活动的需求。

一件简易乐器的制作，无论是原理领会、构思设计，还是选材加工、后期装饰美化，其制作的各个环节都需要尝试、实践乃至多次反复，既有较强的动手操作性，又蕴含丰富的创新体验。因此，不少学校把简易乐器制作活动作为训练学生综合实践能力的重要渠道，纳入学校的教育教学活动中，取得了显著的成效。②

基于初学尝试、节约成本的需要，以及普及性的需求，简易乐器应运而生并不断普及发展，对丰富大众的艺术生活、拓展学校乐器艺术教育渠道等产生了重要的作用。

---

① 徐乐娜.风格不定，归属难明 利奥波德·莫扎特的交响之作 [J].音乐爱好者，2015（5）：64-66.
② 李荣吉.引导自制乐器，构建魅力小学音乐课堂 [J].黄河之声，2020（7）：121.

（二）简易乐器的概念

所谓简易乐器，主要是从材料、制作等角度来定义的，一般指不用专业材料（或只需要少部分无法自制而又廉价的专业材料）、不用乐器制作专业工具、不需要乐器制作专业技术，而只用各种廉价的可替代性材料、常规的通用工具以及通用技术，无须乐器制作专业人员，普通人就可以完成制作的乐器。

由于简易乐器在制作时常会仿照专业乐器的样式形制，结构、工艺上加以简化处理，因此简易乐器也可称为仿制乐器、简制乐器。

从简易乐器制作者的角度来看，作为非专业制作人员，通常是出于个人兴趣喜好需要，自己设计、自己选材、自己动手加工制作，并且主要用于自己学习、演奏。因此，简易乐器有时也称为自制乐器。

为方便论述，本书统一采用简易乐器的说法。

（三）简易乐器不是简单乐器

1. 简易乐器，简而不陋

合理设计制作的简易乐器，可以用专业乐器的演奏技法来进行演奏，一样可以产生美妙的音乐，甚至可能以假乱真。比如，设计、制作较为精细的 PVC 管简易横笛，其音色、演奏效果等可能不亚于真正的竹材横笛，但成本却要低很多。

2. 简易乐器，简而易做

简易乐器不是简单乐器。究其原因，体现在以下三个方面：其一，简易乐器多仿照真正的专业乐器来制作，专业乐器所具有的主要组件、功能，简易乐器同样具备，既可形似又具神似，只是有所简化、变形或换用了非专业的廉价材料；其二，从质量角度来说，要做出一件品质优秀而精致的简易乐器，制作者在样式形制的构思设计、材料的选择与找寻筹集、使用工具的加工制作、后期的美化等各个环节都要精心投入；其三，从演奏角度来讲，无论是真正的专业乐器还是简易乐器，人们都需要进行一定程度的学习与练习，这样才有可能演奏出美妙的音乐。

3. 简易乐器的制作并不简单

简易乐器的制作其实并不简单。只不过基于成本的原因，简易乐器可以在很大程度上降低大众演奏乐器的成本，同时能给制作者带来挑战自我、超越自我的成就感与获得感，充分展现个人的综合能力，彰显个性化的艺术追求。因此，越来越多

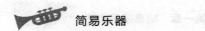 简易乐器

的人喜欢上自己制作简易乐器，并乐此不疲。

（四）简易乐器与专业化乐器的关系

简易乐器与专业化乐器既紧密关联，又存在显著区别。

1. 样式上复制与样板的关系

简易乐器往往不会凭空产生，多是以现有的专业化乐器为蓝本，参照专业化乐器的基本样式，按其尺寸大小、形制等，进行原样复制。特别是专业化乐器固有的音律规制，如小提琴、二胡、吉他等弦鸣乐器的有效弦长，笛子等吹管乐器的音孔开孔位置与大小，是不能随意改变的。因此，从样式上讲，简易乐器是对专业化乐器的仿制，两者之间是复制与样板的关系。

样式上复制与样板的关系，提醒简易乐器的制作者，在研制某种简易乐器时，要注意选好乐器原型，深入了解相关乐器的基础知识，掌握并控制好关键性的制作尺寸数据，注意专业化乐器固有的音律规制，这样才能保证简易乐器的成功制作。

2. 结构上简化与原型的关系

限于实际的条件，没有相应的专业制作工具与制作技术，人们在仿制某种专业化乐器时，往往会在结构上进行简化处理，去掉不必要的组成部分或部件，或者把几个部件进行合并。如制作简易吉他、尤克里里时，可以直接用一块适宜的木条板来制作琴头、指板、尾钉等部件，而不用单独制作每一个部件后再组装拼合。因此，从结构上看，简易乐器是对专业化乐器的适度删改或归并处理，两者之间是简化与原型的关系。

结构上简化与原型的关系，要求简易乐器的制作者，在研制某种简易乐器时，要搞清楚该乐器的结构特点，在保证符合音律规制的前提下，注意量力而行，并根据实际情况，对乐器的结构进行一定的简化处理，以降低制作难度，这样才能提高制作成功的可能性。

3. 材料上普通与专用的关系

专业化的乐器制作，所用的材料属于专用材料，通常有严格的要求。但普通的简易乐器制作者，或者是限于财力，或者是限于获取渠道等，是不容易拥有全部专用材料的。因此，其常采用各种价格低廉而又易于获得的普通材料来替代专用材料，以此制作简易乐器。如制作横笛所用的苦竹、湘妃竹等专用材料，一是需要有相应

006

的生长年限，二是需要阴干存放足够的年限，三是需要达到相应的内外径与密度，才能用于制作乐器，成本较高。而制作简易横笛，可以使用建筑装修所用的 PVC 管、PPR 管等管型材料，价廉、量大且易获得、易于加工，大大降低了制作难度与成本。因此，从材料上看，简易乐器是对专业化乐器的替代，两者之间是普通与专用的关系。

材料上普通与专用的关系，启示简易乐器制作者，在仿制某种简易乐器时，在掌握其发音原理的前提下，可以根据实际情况用多种价廉、易得的非专用材料，包括生产生活中的各种废旧物品、边角余料等，来替代真正的专用材料，这样既可降低成本与加工制作难度，又可以取得不错的效果，还有节约环保的作用。

4. 工艺上简约与精细的关系

专业化乐器在历史演进过程中，积累了丰富的制作经验，形成了相对比较成熟的制作工艺流程、制作技术规范，每一个零部件的加工制作、每一道制作工序，都有相应的技术标准与要求，不能随心所欲。但简易乐器的制作，既无专业工具，又无专用材料，更无专业制作人员，在制作技术与工艺上无法完全达到专业化乐器的规范与标准。因此，简易乐器的做工相对比较粗糙，工艺上常进行简约化处理，甚至省去不影响发音演奏的细节性内容，而且在制作步骤与进程上也有很大的随意性。例如，在制作简易二胡时，弯管式的琴头对发音没有太大的影响，直接粘上一个大小适宜的卡通式空饮料瓶即可，至于何时粘上去，则没有具体规定。因此，从工艺上看，简易乐器是对专业化乐器的简化式处理，两者之间是简约与精细的关系。

工艺上简约与精细的关系，提示简易乐器的制作者，仿制某种简易乐器时，在不影响其功效的前提下，应以方便制作为准，而不必拘泥于严苛的制作工艺、工序与专业技术标准，不必过于追求精致精细，哪怕是粗糙一点也行。这样做出来的简易乐器可能更具有浓郁的乡土气息与平民风格，更易于被大众接受。

5. 功能上仿真与完善的关系

简易乐器虽然没有使用专门的材料，也没有利用专用技术来制作，但由于其基本结构与专业化的乐器一致，因此可以同专业化乐器一样用来演奏音乐。只是由于材料的限制、技术与工艺的不足等，简易乐器在音色、音量等方面不如专业化的乐器那样完美，必然会有一定的差距。如 PVC 管做的横笛，其样式形制与专业化的竹笛一样，演奏方式一样，音准也不错，但音色上只是相似，欠缺一点竹笛独有的清新与空灵感，音量也会偏小。因此，从功能上看，简易乐器是对专业化乐器的模拟，

两者之间是仿真与完善的关系。

功能上仿真与完善的关系，提醒简易乐器制作者，对简易乐器的功效不能抱以太高的期望，不能指望简易乐器能完全替代专业化乐器。特别是用于演奏时，要考虑如何解决简易乐器音量偏小的问题，如可以适度加上扩音设备。

简而言之，从不同的角度分辨、厘清简易乐器与专业化乐器之间的关系，有助于制作者能够更全面地认识、理解简易乐器，有利于其在今后的简易乐器设计制作过程中能够更有系统性与针对性地开展工作。

三、常见简易乐器类型

限于材料、工具与制作技艺，不是所有类别的专业乐器都可以仿制出简易乐器。通常，从综合乐器形制、发声原理、演奏方法等来看，可供普通人制作的常见简易乐器主要有以下四大类。

（一）简易打击乐器

此类乐器通常是以单个或多个成组、具有一定形状的发声物件作为声源体，通过某种器物击打、敲击或以手拍击、互击等方式发出乐音，主要为节奏型乐器。生活中的常见物件，如各种杯碗、废旧玻璃酒瓶、饮料瓶、纸杯、纸包装盒等，如果合理利用、灵活设计，可以制作出能够演奏音乐节奏或旋律的简易打击乐器，如简易沙锤、铃鼓、响板、编钟等。

（二）简易吹管乐器

顾名思义，此类乐器主体为各类管形样式，原理上属气鸣乐器，是依靠口腔呼出气流，通过乐器的吹口边棱、安装的簧片或哨片等发声，结构较为简单，制作比较方便，较易普及制作。制作者利用生活中常见的物品，如奶茶吸管、PVC 管、PPR 管、矿泉水瓶等，借助剪刀、美工刀等通用工具，就可以制作出简易排箫、哨笛、横笛、箫、葫芦丝等能够演奏音乐旋律的简易吹管乐器。

（三）简易弹拨乐器

此类乐器从发音原理上讲，属于弦鸣乐器，即通过弹拨绷紧的琴弦，以琴弦振动发出乐音，有多种样式形制。制作者合理利用木条木块、PVC 管或者废旧扫帚木把杆，以及各种商品包装盒等材料，以较为结实的尼龙线（或适度购置便宜的专用琴弦）等作为发音体，再加上紧固材料，就可以制作出能够演奏音乐旋律的简易弹拨类乐器，如橡皮筋琴、发夹琴、单弦琴、双弦琴、三弦琴、尤克里里、吉他、古琴等。

（四）简易拉弦乐器

从发音原理上讲，简易拉弦乐器也属于弦鸣乐器，但不是靠弹拨绷紧的琴弦发声，而是用琴弓上绷直的弓毛（马尾或细尼龙丝线）去摩擦绷紧的琴弦而发出乐音，因此又称弓弦乐器。制作者合理利用生活中各种常见的物品，加上适度购置少量便宜的专用配件，便可以制作出能够演奏音乐旋律的简易拉弦乐器，如简易二胡、京胡、小提琴、大提琴等。

概而言之，简易乐器简而不陋、类型多样，制作条件不高，几乎人人都可以动手制作，是人们初次尝试乐器、普及乐器演奏活动、提升综合素养的极佳选择。

第二节　简易乐器的特点

简易乐器易于制作、类型多样，从总体上看，主要具有以下四个特点。

一、模仿性

之所以会产生制作简易乐器的念头，是因为制作者曾听到或看到某种乐器，被其演奏产生的音乐打动，但又暂时买不到或买不起，或是出于个性化的需要，希望通过自己动手制作而拥有同样的乐器。因此，简易乐器多数是以真正的专业乐器为蓝本，通过变换材料、简化结构等方式进行仿制，具有模仿性。通常，主要有样式模仿、原理模仿两种情况。

样式模仿是制作者制作简易乐器较为常见的思路。制作者可以通过测量真正乐器的尺寸大小，或查阅相应的文献资料，按其实际样式形制，用自己能找到的适宜材料进行仿制。例如，对于我国民族乐器中的横笛、箫，制作者主要是通过样式仿仿方式，以 PVC 管、PPR 管等材料替代竹管材来进行仿制，其演奏效果几可乱真。

原理模仿是指按照专业乐器的发音原理、音律规制等，以制作者所能拥有的材料为基础，变换样式形制，制作出具有同样或相似效果的简易乐器。各种简易击奏

体鸣乐器，如矿泉水瓶沙锤、纸箱手鼓等，就属此类方式。

简易乐器的模仿性，提醒制作者不要盲目动手制作，要注意收集乐器制作的相关资料，吃透乐器的发音原理、音律规制，掌握重要的制作参数，这样才能做出成功的简易乐器。

二、低廉性

作为非专业人员，普通人制作简易乐器的材料、工具等都很有限，制作技术与工艺水平也有限。因此，制作者在制作简易乐器时，多是采用比较便宜易得、便于加工处理的材料，简化加工制作工序工艺，使用常见的通用工具与通用技术。显然，相比真正的专业乐器，简易乐器的制作成本要低得多，具有显著的低廉性。如制作简易二胡时，用废旧的空奶粉桶作为琴筒，以其金属桶底来替代蟒皮，不仅大幅度减少了材料开销，还不用专业的蒙皮紧固成型工具以及相应的加工工序，既节约了制作时间、降低了制作难度，又能实现废物利用。

成本的低廉性，提醒简易乐器的制作者，要形成替代、替换意识，并在日常生活中有意识地收集各种可用于简易乐器制作的废旧物品，在制作中还应注意一物多用、灵活运用。

三、实效性

简易乐器低廉并不等于其价值低、功效低。相反，制作较为成功的简易乐器，符合音律规制，可以产生美妙的音乐，不仅可用于乐器的尝试学习、练习，还可用于演出演奏，具有较强的实效性。如巴拉圭卡特乌拉再生乐团的青少年乐手使用从垃圾堆中找出来的废旧物品制作了多种简易乐器，能演奏气势磅礴的交响乐《命运》，还曾登台参加了 TED 演讲会演出、联合国里约热内卢可持续发展会议的现场表演。

简易乐器的实效性，提醒每一位制作者，无论是样式模仿还是原理模仿，无论如何变换材料或简化结构与制作工艺，最终判断一件简易乐器制作是否成功，还是要看能否用于演奏，能否奏出动听而美妙的音乐。

四、创新性

简易乐器简而不陋、简而不凡，在制作的各个环节，都蕴含无限的创新可能，具有显著的创新性。简易乐器毕竟不是商品化的专业乐器，没有规定必须用什么材料、必须做成什么模样，每一位制作者都有足够的创新空间。其间，无论是样式形制选择、结构设计，还是材料找寻、工具选用与加工制作，以及后期的美化，既需要制作者根据实际情况量力而行，又需要制作者能够突破思维定式、大胆创新，这样才能摆脱条件的限制，制作出具有实效的简易乐器。例如北京大学教授武际可先生在自制笛子的过程中，勇于探索尝试，不仅用 PVC 管研制出音准音色绝佳的简易横笛，还进一步加以总结归纳，从流体力学的角度提出了简易横笛制作的通用技术方法，这对推进乐器创新研究、普及我国民族乐器、弘扬民族优秀文化、增强文化自信产生了重要的影响。

简易乐器的创新性，提醒每一位制作者在设计制作简易乐器过程中，不能故步自封、因循守旧、简单照搬，而是要立足现有条件，敢于尝试与突破，勇于挑战自我、超越自我，才有可能制作出成功的、富有个性化的简易乐器。

简而言之，简易乐器不同于真正的专业乐器，有其自身的特点。因此，制作者在研制简易乐器过程中，不能盲目行事，而是要从其特点出发，有针对性地开展工作，这样才能保证制作成效，避免制作过程中出现浪费与损耗。

第三节　简易乐器的价值

独具特色的简易乐器，对个人、家庭以及学校教育等来讲，具有多方面的价值。

一、实际应用价值

简易乐器虽然材料价格低廉，制作不够精细，但依然能用于演奏音乐，具有实际应用价值。

首先，简易乐器具有初学试用价值。简易乐器常用于初学者试学试用。如果初学者能够学会、能够坚持下去且水平有所提高，再考虑花钱购买真正的专业乐器也不迟；如果初学者确实学不下去，或者是想换学其他乐器，也不会因半途而废造成

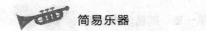

浪费与经济损失。

其次，简易乐器可以用于正式或非正式的各类演出。特别是制作较为精良、音色纯正、音准较佳的简易乐器，加上适宜的扩音设备，无论是独奏还是合奏，都不亚于真正的专业乐器。例如，我国山东省临沂市蒙阴县垛庄镇红日村有一支平均年龄 68 岁的老人组成的"山东胡捣鼓乐队"，他们使用大盆挖洞做的大盆胡、奶粉桶做的二胡、小饭盆与水舀子做的板胡、扬米去糠的大簸箕做的中阮、锅盖做的唢呐、烧水壶做的笙、大铁锅和洗衣机改造的扬琴等简易乐器，不仅能够自娱自乐演奏《唱支山歌给党听》《向阳花》《家乡美》《沂蒙山小调》等乐曲，还受邀登上了中央电视台的舞台，在《我爱满堂彩》《星光大道》等多个栏目中展示了简易乐器的精彩合奏。因此，在家庭、学校，特别是小学的乐器入门教育活动中，简易乐器具有广阔的应用前景。

二、文创装饰价值

除了可用于演奏，造型和谐美观、色彩装饰漂亮的简易乐器还可以挂置于音乐教室、艺术教师办公室、乐器店铺、家庭等室内空间的墙壁上，这样既可展示简易乐器作品，又能使其成为一种具有独特风格的文化创意作品，起到营造艺术氛围、装饰美化空间的效果。

三、促进人的发展

简易乐器看似简单，却简而不凡，在制作过程中，从造型设计、材料选择到加工制作、美化，每一个环节都有可能遇到新的问题，制作者不仅需要查阅参考资料、不断学习新的知识与技能，还需要动脑动手、亲身实践，是一项综合性很强的实践活动，有利于促进人的全面发展、持续发展。而克服一切困难，创制成功一件可以演奏的简易乐器后，会带给制作者一定的成就感与满足感，这种体验是花钱购买乐器所无法享受到的，有利于人的心理健康。

简而言之，人们通过制作简易乐器，可以有效地扩展知识积累、培养动手技能、提升艺术修养、激发创新思维、增强环保意识、发展综合能力。正是因为简易乐器制作或演奏能有效促进人的发展，所以，其已成为不少学校的特色性、综合性教育活动，在学校教育中发挥着育人的作用。

四、创新研究价值

简易乐器虽以模仿、复制为主，但不是完全照搬。在制作过程中，外在制作条件的限制、内在个人知识与能力的不足等，都会带来各种新的问题与实际困难，要求制作者立足现实、大胆想象、勇于突破与创新。如样式形制、制作材料、制作方法等都蕴含了无限的创新可能，甚至可能通过简易乐器的创制，产生新的制作技术，还有可能产生新型乐器，并有可能促进乐器产业与音乐艺术的新发展。如文正球先生创制的文琴[①]、高韶青先生创制的韶琴[②]、沈文毅先生改制的十孔笛[③]等，均属此例。因此，开展简易乐器制作活动有助于促进乐器的研制改良与创新，具有不可忽视的创新研究价值。制作简易乐器，能丰富人的业余文化生活，值得每一位热爱生活的人去尝试。

第四节　简易乐器的发展

简易乐器自古就有，并随着人类社会经济、科学技术、音乐艺术等的持续发展而不断演进。

一、简易乐器的发展阶段

（一）原始萌芽时期

此阶段大致为原始社会时期，属于乐器发展的早期阶段，当时的乐器实质上就是简易乐器，主要有以下特点。

1. 源起于生活与生产劳动

人类的一切文化均产生于生活与生产劳动中，乐器也不例外。[④]虽然目前无法完全确认人类最早的乐器是什么，但可以肯定其是在生活与生产劳动中产生，并与生

① 文正球.从文琴的设计制作谈民族低音乐器的发展（上）[J].乐器，2017（1）：21-23.

② 张军.浅谈近现代二胡乐器改革 [J].艺术评鉴，2017（6）：162-164.

③ 罗天全.十孔笛纵横谈 [J].中国音乐，1995（1）：46-48.

④ 张茂泽.论马克思的文化观 [J].理论导刊，2012（8）：61-65.

活用具、生产工具等实用器物紧密关联的。如在打击石块制造石器、砍凿树木制取柴火等活动过程中，人们感受到原始工具敲击器物所发出的有一定节奏、具有特定音色与音高的声音产生了愉悦身心等效果，此时实用性的生产工具器物，即是最早的乐器。而随之用以取代生产工具、专用于敲击发音的石块、贝壳、木块等，是对自然之物的直接选用或粗略加工而成，是最早的简易乐器。①

2. 无成形样式与规制

原始社会并没有形成专业化的乐器，因此人们在制作简易乐器时，也就没有具体的模仿对象，没有统一成形的样式与规制，制作时多是道法自然，或者随心所欲。例如，在我国河南省舞阳县贾湖村裴李岗文化遗址内出土了 16 支用鹤类尺骨制成的多孔骨笛，其中有的骨笛开六个音孔，有的为七个音孔，还有的是八个音孔，有的骨笛管身上还有试开后又封堵上的音孔痕迹。该现象反映了原始萌芽时期的简易乐器还没有成熟的样式与规制，处于探索时期。

3. 制作技术水平不高

限于当时低下的社会生产力与经济条件，原始萌芽时期的简易乐器在材料上只能选用各类自然之物，没有专业的制作工具，更谈不上专业的制作技术。因此，此时期的简易乐器制作水平不高，工艺不够精良，装饰美化多呈原生态，演奏效果也有限。

4. 乐器种类不够丰富

从考古发掘与研究成果来看，在原始萌芽时期，人们能够制作的简易乐器主要是击奏体鸣乐器与气鸣乐器。其中，击奏体鸣乐器如我国的石磬、哗啷器、鼍鼓、悬鼓等，气鸣乐器如骨笛、陶号角、陶埙等。②总体上，乐器种类不够丰富、齐全。

5. 参与民众数量稀少

在原始社会，生存是第一位的大事，人类把主要精力、聪明才智等都放在如何解决温饱问题、安全问题上。因此，既有闲情逸致和空闲时间，又有能力与条件来制作简易乐器的人并不多，参与简易乐器制作活动的人较少。

---

① 关继文.乐器起源与发展之断想 [J].湛江师范学院学报，2001（2）：87-92.
② 陈星灿.中国史前乐器初论 [J].中原文物，1990（2）：31-38.

（二）模拟仿制时期

此阶段大致为奴隶社会至 20 世纪 50 年代，专业乐器逐步发展成形、成为主流，简易乐器则退至幕后，成为非专业制作人员的制作对象。这一时期主要有以下特点。

1. 仿照原型复制为主

此时期，随着社会经济等的发展，无论是我国还是西方，选用专门材料、借助专业工具、由专业人员制作的专业乐器都得到了较大的发展，不但种类迅速增多，而且各类乐器的样式形制也逐步定型，为简易乐器提供了仿制的原型。而由于生产技术、材料与条件等的限制，专业乐器长时期以手工制作为主，生产效率并不高，往往价格昂贵，不是普通人能拥有的。因此，经济收入不高的乐器爱好者多采用仿制方式，对照专业乐器，模拟制作简易乐器。

2. 制作种类有所扩大

由于专业乐器种类多样，乐器爱好者的喜好不同，因此，此阶段的简易乐器在种类上就不再只限于击奏体鸣乐器与气鸣乐器，而是扩展到弦鸣乐器范畴，如在我国苏、鲁、豫、皖地区广泛流行的"土琵琶"（柳琴）、自我国唐朝开始广泛流行于民间的奚琴等。

3. 制作技术有所提高

此阶段因社会生产力的提高，各类通用型金属工具发展成熟，人们对自然之物的加工能力增强，带动了简易乐器制作技术水平的不断提高。同时，因文化与艺术的发展，也促进了简易乐器装饰美化水平的提高。

4. 带动乐器改进发展

在此阶段，有不少乐器制作爱好者不满足于单纯地模拟仿制，而是结合演奏的需求，针对专业乐器存在的不足，或借鉴其他乐器的长处，在制作简易乐器时加以创新，从而带动乐器改进发展。如我国清末民初的郑觐文（1872—1935 年）在传统琵琶的基础上，改进创新出葫芦琴，完善了传统琵琶的律制与音域，提升了乐器的演奏表现力。[1]

---

[1]　陈正生 . 郑觐文与 20 世纪初民族乐器改革 [J]. 演艺设备与科技，2008（S1）：3-7.

5. 乐器有所普及

由于生产力有所提高，人的温饱、安全等生存问题得以缓解，音乐等艺术又得到一定的发展，有一定空闲时间、有闲情逸致的乐器爱好者增多，加上制作工具的改善，使参与简易乐器制作活动的民众有所增加，简易乐器有了一定程度的普及。

（三）创新发展时期

约 1950 年以后，全世界总体上相对和平稳定，社会经济及文化等的新发展，不仅使专业乐器产生了新的变化，还促进了简易乐器的发展。

1. 样式形制突破传统

约 1950 年以后，随着生产力的逐步恢复与提高，物质条件的改善，人类精神文化也得到迅猛的发展，各种新思想不断涌现，创新成了人类发展进步的主旋律，也在很大程度上促进了简易乐器的发展。乐器爱好者在制作简易乐器时，不再单纯照抄模仿专业乐器的样式，而是大胆创新，出现了多种多样的新样式。如出现了拐弯的弯管横笛，塑料药瓶加吹管的瓶形陶笛，琴箱多样化的异形吉他等。

2. 制作种类丰富多样

一方面，音乐艺术的不断普及，让乐器爱好者见多识广，有机会接触到更多类型的乐器；另一方面，随着科技的发展，制作工具的改善，人工材料的多样化，增加了简易乐器制作的种类。在此时期，乐器爱好者不仅能够制作出各种常见的击奏体鸣乐器、气鸣乐器、弹拨乐器与拉弦乐器，还能制作出简易键盘乐器，甚至还有电声乐器。

3. 制作技术不断提高

此阶段简易乐器制作技术提高的原因有三个：一是因教育的普及，提升了民众的知识与技能水平；二是电钻、电锯等工具的大量普及使用；三是各种新型材料的不断涌现。此阶段不但制作效率提高，而且制作工艺越加精致，装饰更加精美。

4. 普及程度有所提高

随着互联网的普及，不少简易乐器制作爱好者通过网络，借助各类专题网站，以图文并茂的方式分享自己的制作成果与制作方法、心得体会，还有商家通过网络推出了预制好的简易乐器零部件，供简易乐器制作爱好者购买、自行组装加工与装饰美化。网络的助力，使简易乐器制作知识与技术方法得到迅速推广，简易乐器制作群体得以不断扩大。

5. 育人功能受到重视

随着教育的发展，特别是乐器教育在学校的普及需要，以及创新教育的需要，具有综合性教育培养功能的简易乐器制作活动受到了教育界的关注与重视，在学校教育特别是中小学教育中，逐步得到应用与推广。如华中师范大学音乐学院教师赵洪啸先生、江西师范大学物理与通信电子学院教师胡银泉先生长期坚持创制并在各类教学中推广简易乐器，收到较好的效果。

历经三个阶段而逐步发展的简易乐器，随着人类文明演进的持续，未来还将有新的变化与发展。

二、简易乐器的发展特点

从总体上看，简易乐器的发展具有如下三个特点。

（一）以模拟仿制为主线

纵观简易乐器发展的三个阶段可以发现，从古至今，简易乐器一直是以专业乐器为对象，进行模拟仿制。虽然在仿制过程中会有部分制作者因材料、工具或个人喜好等因素在外形样式上有所变化，但基本的结构、相应的律制等没有大的改变。毕竟，结构决定功能，制作者只有保持乐器的基本结构，才有可能实现相应的乐器功能。[①]

（二）以业余人士为主体

长期以来，简易乐器的制作者通常是非音乐界人士，或至少不是乐器生产制造的专业制作人员。只有非专业的普通大众，才有可能使用非专业的材料、通用工具、通用技术来制作简易乐器。虽然普通大众没有专业人员的制作条件与制作技术，制作出来的简易乐器与专业乐器相比会有一定差距，但能自娱自乐、自我欣赏就行。也正因为如此，才使制作简易乐器的门槛较低，只要有兴趣，人人都可以参与简易乐器的制作。

---

① 邹珊刚，黄麟雏，李继宗，等.系统科学[M].上海：上海人民出版社，1987：118.

（三）多层面持续创新性

在简易乐器的发展历程中，虽然模拟仿制是主线，却一直有所创新，甚至会推动专业乐器改进与发展。在简易乐器材料的选择、制作工具的选用、加工的技术方法、美化手法等方面，每个人都有实现自己想法、自主创新的可能性。也正因为如此，简易乐器才具有创新训练价值，才会受到各类学校教育的重视，成为培养学生创新能力的有效途径。

三、简易乐器发展的主要影响因素

从前述发展演化的历程及发展特点来看，简易乐器的发展主要受到社会经济、科学技术、音乐艺术三大因素的影响。

（一）社会经济

"仓廪实而知礼节，衣食足而知荣辱。"[①] 社会经济的发展、生活的不断改善、财富的积累带动了民众对美好生活的更高追求，也促进了精神文化层面需求产生变化，其中包括部分民众对乐器、对简易乐器的需求；使普通民众有了一定的空闲时间与闲情逸致，有兴趣与精力来投入简易乐器制作；提供了必要的材料、工具等物质基础，使简易乐器的制作有了实现的可能性。

（二）科学技术

科学技术的持续进步，在推动人类社会经济与文化不断发展的同时，也在多个层面助力简易乐器发展。其一，在知识层面，乐器方面研究成果不断产生，为简易乐器制作提供了丰厚的理论知识；其二，在工具及其应用层面，新工具、新技术的不断产生与普及，促进了简易乐器的制作效率与精细程度的提高；其三，在材料方面，各类新型材料不断涌现，为简易乐器的制作提供了更多、更好的材料选择。

（三）音乐艺术

属于音乐艺术范畴的乐器及其衍生的简易乐器，受到音乐艺术自身发展的影响。一方面，音乐艺术的发展普及既与乐器发展密不可分，又在提升民众艺术修养的同

---

① 房玄龄，刘绩.管子[M].上海：上海古籍出版社，2015：477.

时，激发了乐器爱好者自制简易乐器的兴趣与欲望；另一方面，音乐与乐器艺术的发展繁荣，特别是新型乐器的推出，为简易乐器的制作提供了模拟仿制的样板。

正是由于上述三方面因素的共同作用与影响，简易乐器才能得以持续发展，并不断普及。

四、简易乐器的未来发展趋势

发展是世界永恒的主题，简易乐器也不例外。随着社会经济、科学技术、音乐艺术三大影响因素的持续变化，简易乐器将会有新的发展。

（一）普及面更广

随着民众生活水平的不断提高、乐器文化的不断普及，以及对个性化乐器的追求，越来越多的人参与到简易乐器制作中，无论老少，都有可能成为简易乐器制作大军中的一员。人人会制作简易乐器、人人拥有简易乐器、人人会演奏简易乐器，将不再是梦想。

（二）类型更加多样化

科学技术的不断发展，有助于突破制作工具、材料及加工制作技术的限制，让原来专业人员制作的乐器，能在非专业的普通人手中诞生。简易乐器的种类进一步增多，呈现多样化的趋势。

（三）新技术不断融入

随着各个行业简易乐器爱好者的加入，部分当今的新兴技术将可能运用到简易乐器制作中。特别是数字化音频、3D打印、虚拟现实、人工智能等技术，将会对传统的简易乐器制作带来巨大的冲击，产生意想不到的制作成效。

总之，自古就有的简易乐器在社会经济、科学技术、音乐艺术三大因素影响下，历经三个阶段而逐步发展至今。虽然简易乐器目前仍以模拟仿制为主，功效也有限，但其对个人、家庭以及学校教育等都有很大影响，正在不断地吸引越来越多的民众参与。简易乐器在未来还会有新的发展，将会发挥更大的作用。

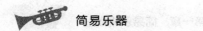

第五节　简易乐器制作的基本要求

简易乐器虽然在材料、制作技术与工艺上相对比较简单，也不像专业乐器制作那样有严格的商品化生产流程、技术与工艺规范等系统性的标准，但从演奏的实效性角度来考虑，制作者在实际制作时需要注意以下基本要求。

一、科学合理，勇于创新

一件乐器能流传沿用至今，是无数制作者、演奏者不断尝试探索、总结改进的结果，本身包含了声学、材料科学、人体工学、音乐学等方面的原理，是人类智慧的结晶。因此，制作者在模拟仿制时，就必须遵循相应的科学原理，不能随心所欲。同时，在不影响演奏功能的前提下，制作者可以根据实际情况加以变形处理。而在样式、美化方面，则不必完全照搬，可以大胆创新制作。

二、选材适宜，控制成本

限于实际的条件，以及基于自做自用的需求，制作者在制作简易乐器时应从实际情况出发，尽可能使用适宜的替代性材料，特别是灵活运用生活中的各种废旧物品。即使有些材料无法自制，也应尽量选购便宜的、通用型的材料，以降低制作的成本。

三、结构简单，便于制作

制作者在制作某种结构较为复杂的简易乐器时，应在吃透其原理、保证演奏效果的前提下，尽可能简化其结构，减少制作的工序与难度，提高制作成功的可能性。

四、美观耐用，安全可靠

自制的简易乐器，在外观上需要进行美化处理，以体现其应有的艺术风范。同时，制作者不仅应注意细节，保证简易乐器调音便捷、音准稳定、牢固结实、使用方便，还应注意其在演奏使用中不会产生安全隐患。

五、使用方便，易于推广

简易乐器制作，最终是要用于音乐的演奏。因此，制作者在制作时应考虑演奏的便捷性，同时要使其制作方法能为大众所理解、接受，便于大面积普及推广。

以上五方面要求，在实际制作过程中，不能单纯只强调某一方面，而应多方面综合考虑，这样才有可能制作出符合演奏需求、富有艺术风范与个性化特色的简易乐器。

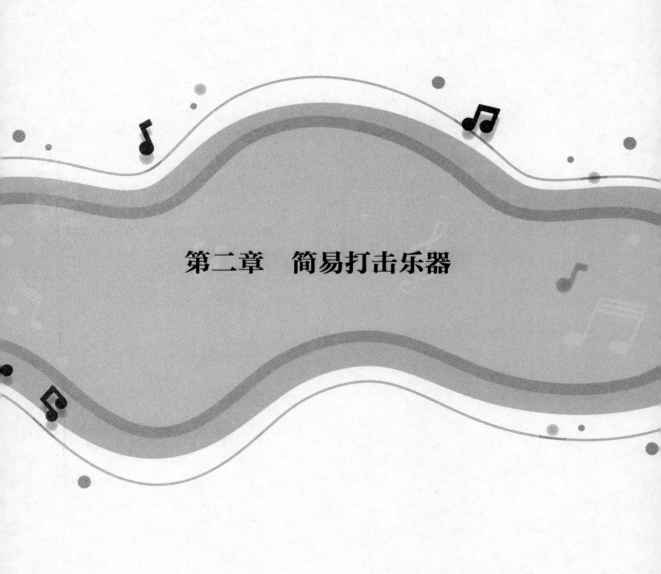

第二章　简易打击乐器

打击乐器也可称为敲击乐器，有可能是人类历史上最早产生的、最古老的乐器。^①其主要是指能通过敲击、互击、摇动、摩擦或者刮擦等方式，以其自身某个部分或整体振动而发出声音的乐器。按照振动发音体的不同，打击乐器可以分为革鸣乐器、体鸣乐器两大类。革鸣乐器通常是指在共鸣箱体上有绷紧的牛皮、羊皮等蒙皮，通过手或棒、槌等敲打蒙皮而发音的乐器，如各种鼓；体鸣乐器则主要是指用手或棒、槌等直接敲打乐器本体而发音的乐器，如钟、木鱼、三角铁、各种锣等，也包括以乐器自身相互击打、刮擦等方式发音的钹（小钹）、碰铃等。

打击乐器既可用于单独演奏音乐节奏，也可用于在乐队合奏中增强乐曲氛围与气势，引领整个乐队演奏的走向和节拍，相当于乐队的第二指挥，具有重要的作用。而有些体鸣乐器，如木琴、铝板琴、编钟、竹筒琴等，则主要用于演奏音乐旋律，既可用于独奏，也可用于合奏。

制作者合理利用生活中的各种日常物品甚至是废旧物品，如各类商品包装盒、矿泉水瓶、塑料盆（桶）、啤酒瓶、各种瓶盖甚至纸杯等，借助一般家庭都有的工具，自己动手，可以制作出简易小鼓、沙锤、响板、铃鼓、非洲鼓等能够演奏音乐节奏或者音乐旋律的多种打击乐器。

第一节　简易小鼓

一、小鼓简介

从打击乐器角度来讲，在我国，小鼓主要是指民族打击乐器中的小型兽皮鼓，是锣鼓乐器中的一种，鼓身通常呈凸肚扁桶状，两面蒙有绷紧的兽皮作为鼓皮，演奏时用硬头或软头的木鼓棒（槌）击打鼓皮，可发出响亮而富有穿透力的声音，在我国传统音乐、戏曲音乐中使用较多。在西洋乐器中，小鼓则主要是指小军鼓，鼓身通常呈直边扁桶状，鼓身外侧用线绳或金属箍把上下两面鼓皮绷紧，底面紧贴鼓

---

① 关继文.乐器起源与发展之断想[J].湛江师范学院学报，2001（2）：87-92.

简易乐器

皮有一根金属弹簧似的响弦（俗称沙带），演奏时用硬头木鼓槌击打鼓皮，可发出响亮而带有紧张、兴奋感的噼啪声，主要在军乐队、管弦乐队中使用。中国小鼓和西洋小军鼓如图 2-1 所示。

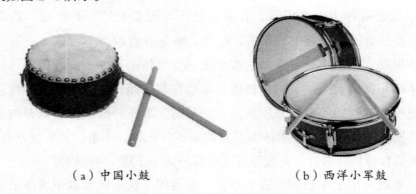

（a）中国小鼓　　　　　　　（b）西洋小军鼓

图 2-1　中国小鼓与西洋小军鼓

二、简易小鼓制作

（一）工具与材料

1. 工具

家用剪刀，美工刀。

2. 材料

根据实际情况，可选择奶粉桶、各种纸包装盒、饼干盒、稍粗的线绳作为制作小鼓鼓身的材料；竹筷、细木棒等可作为制作鼓槌的材料。另需透明胶带、热熔胶枪与胶棒、装饰颜料。

（二）样式结构

制作者主要根据所选用的纸包装盒的形状来确定制作的样式与结构，常见有方盒状、扁桶状及圆桶状三种形式。成品如图 2-2 所示。

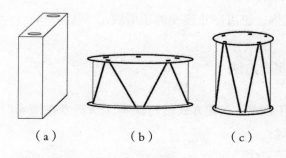

（a）　　　　　（b）　　　　　（c）

图 2-2　简易小鼓

（三）制作步骤

1. 方盒状小鼓的制作

用方形的纸包装盒制作方形小鼓，方法较为简单。制作步骤如下。

（1）在侧边适宜的位置挖切出两个小圆孔，既作为出音孔，又便于手持演奏。

（2）用宽透明胶带粘贴外边棱，保证密封，以防漏音。

（3）对外表面进行适度的美化处理，如粘贴彩色的装饰纸，或者绘涂上适宜的图形图案。

2. 圆桶状小鼓的制作

（1）将稍大的纸包装盒拆解、展平后，裁切出两个比奶粉桶的底面稍大的圆纸板，将其作为小鼓的上下鼓面。

（2）在两张鼓面的边缘钻出适宜数量的小孔，用于穿系线绳。

（3）在奶粉桶上下边缘涂上胶，将两张鼓面分别粘在奶粉桶的上下底面，注意鼓面边缘的小孔要错位相对。

（4）参考图 2-2，用稍粗的线绳从上下两个鼓面的小孔分别穿过，在奶粉桶侧面形成类似 W 的形状，并将结头系紧、系牢。

（5）对鼓面及侧面鼓身进行适度的美化。

如有必要，可以在小鼓侧边系上长度适宜的布条带或粗线绳，作为背带。

扁桶状小鼓的制作与上述圆桶状小鼓制作方法基本一致，此处不再重复。

3. 鼓槌制作

取长竹筷一双，或长约 35 mm 的细木棒两根，表面先处理光滑，再用彩色纸条缠绕粘贴，并在稍细的一端多缠绕些纸条，将其作为槌头。在槌尾部还可系上垂吊

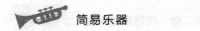

的彩色线绳，既作装饰，也可防止演奏时手滑脱。

三、简易小鼓演奏方法

简易小鼓可以用手持或背挂方式进行演奏。演奏者在演奏时可以用鼓槌敲击小鼓，也可用手拍击小鼓。

四、扩展制作

如果需要有小军鼓的效果，制作小鼓时可以在纸箱或奶粉桶内放入少量干燥的黄豆、绿豆等碎粒物，这样在演奏时就可以产生类似小军鼓的噼啪声。

第二节　简易沙锤

一、沙锤简介

沙锤又称沙球、沙槌，起源于南美洲的印第安民族，在拉丁美洲广泛流传，在现代流行音乐中应用较多，属节奏性色彩性乐器。常见的沙锤形状有单头锤形、双头哑铃形、十字多头形，现代还发展出了细圆筒形的沙锤。沙锤主要是用密封的椰子壳、葫芦或用胶木、塑料等制成球状，内装有干硬石子、粗沙粒或干燥的植物种子，壳上接以手握的木柄，两个一对。演奏时左右手各持一个，双手交替或一起上下摇动，奏出各种节奏音型，或制造出一种特殊音响效果。

单头沙锤与双头哑铃形沙锤如图2-3所示。

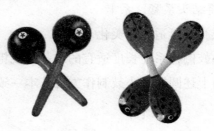

（a）单头沙锤　　（b）双头哑铃形沙锤

图2-3　单头沙锤与双头哑铃形沙锤

二、简易沙锤制作

使用生活中常见易得的物品，如塑料瓶、玻璃瓶、葫芦、竹筒、纸杯等，可以制作出精美的简易沙锤。简易沙锤既可作为手工艺品装饰房间，也可用于音乐节奏的演奏。

（一）工具与材料

1. 工具

家用剪刀，美工刀，小手锯。

2. 材料

空矿泉水瓶、纸杯、易拉罐；米粒大小干净的小碎石子或干燥的大米、黄豆、绿豆、玉米粒，或者花生壳、瓜子壳；装饰用的彩纸，胶水或热熔胶。

（二）样式结构

根据材料的不同，简易沙锤可以制作成瓶状、圆柱状、带手柄的锤状等多种样式。成品如图 2-4 所示。

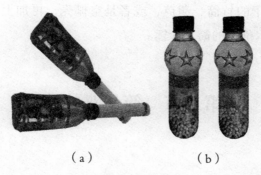

（a） （b）

图 2-4 简易沙锤

（三）制作步骤

以矿泉水瓶制作简易沙锤为例。

（1）将空矿泉水瓶表面的商标贴撕掉、清理干净。

（2）将适量干净的米粒状小碎石子或干燥的大米、黄豆、绿豆、玉米粒，或者

花生壳、瓜子壳等，放入矿泉水瓶，占其内部容积的 20% ～ 25% 即可，不要太多。

（3）拧上瓶盖，再往矿泉水瓶外部粘贴上彩色纸条，加以适度美化装饰，即可制成简易沙锤。

如果要做成带手柄的沙锤，则可寻找长约 180 mm 的小木棒，用砂纸打磨光滑后，一端插入矿泉水瓶口内，并用胶粘牢。其后，可用彩纸裁成细条包裹、粘贴到手柄上，或者用彩笔在木棒周身上绘制图案，进行适度美化。

此外，也可以用建筑装修工程剩余的废弃 PVC 管来替代小木棒作为简易沙锤的手柄。在给 PVC 管身装饰时，可以用电工的彩色绝缘胶带来替代彩色纸条。

如果是用易拉罐、纸杯作为制作材料，可参考上述方法来制作简易沙锤。

三、简易沙锤演奏方法

作为摇奏体鸣乐器，沙锤通常是两支成对使用。演奏方式较为简单，只需要演奏者拿着沙锤手柄的部分，双手各握持一支，按音乐节奏，重拍向下、弱拍向上，抖腕摇动沙锤，即可形成特殊的声音效果。

四、扩展制作

如果能够找到晒干的竹筒、葫芦，或者是空椰壳，再加上木棒，还可以制作出效果更好、更具有艺术价值的简易沙锤。

第三节　简易双响筒

一、双响筒简介

双响筒属于节奏性乐器，声音短促、清脆、结实，为木制或竹制打击乐器，多呈 T 字形，也有少数呈 Y 字形。双响筒的发音部件为中空的圆筒，常见的 T 字形双响筒的发音体为横向圆筒，中间细而两头粗，中间细的部分为实心，垂直插接作为手柄的筒把。T 字形双响筒左右两个发音筒粗细不一，并分别开有两条细口，能够发出不同音高的两种声音，粗筒声音低，细筒声音相对较高，敲击效果类似木鱼，故又称为"双响木鱼"。常见双响筒如图 2-5 所示。

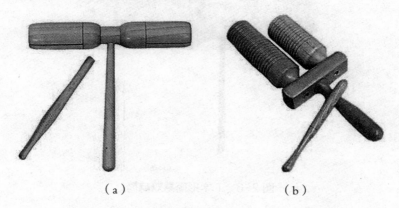

（a）　　　　　　　（b）

图 2-5　双响筒

二、简易双响筒制作

使用生活中常见易得的物品，如空塑料饮料瓶、PVC 管、易拉罐等，可以制作简易双响筒。

（一）工具与材料

1. 工具

家用剪刀，美工刀。

2. 材料

大小、长短不同的空塑料饮料瓶各一个，或不同内径的 PVC 管、易拉罐等，竹筷两根，旧报纸，废旧纸箱，装饰用的彩纸，胶水或热熔胶，透明胶带。

（二）T 字形简易双响筒的制作

根据材料，如果是用塑料饮料瓶，可制作为 T 字形结构。成品如图 2-6 所示。

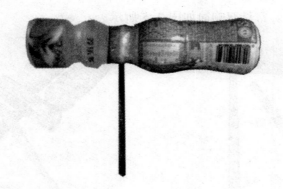

图 2-6 T 字形简易双响筒

制作步骤如下。

（1）清洗干净塑料饮料瓶，用剪刀去掉瓶底，静置晾干，作为响筒使用。

（2）将旧报纸等纸质材料卷紧成纸棒，长度与两个塑料饮料瓶的瓶口高度加起来一样长，直径与塑料饮料瓶的瓶口直径一样。

（3）将两个塑料饮料瓶的瓶口对准纸棒，分别从两边插入，并用胶粘牢，再用透明胶带缠绕加固，使两个塑料饮料瓶的瓶口相对，紧密固定在一起。

（4）用剪刀的尖头在其中一个塑料饮料瓶的瓶口侧边钻出一个小孔，要有一定深度。然后，把一根竹筷的细端用美工刀削尖，插入塑料饮料瓶瓶口侧边的小孔，并用胶粘牢，使塑料饮料瓶与竹筷相垂直，形成 T 字形结构。此时需注意，竹筷不必穿透瓶口。

（5）用彩纸对塑料饮料瓶进行适度的装饰美化，即可完成制作。

（三）Y 字形简易双响筒的制作

1. 制作响筒

将两个空易拉罐清洗干净后，用剪刀将易拉罐的顶部去掉。然后，将其中一个易拉罐从三分之一处剪掉一部分，边缘用热熔胶或透明胶带包裹粘上，以防意外受伤。另一个易拉罐不裁剪。这样做是为了让两个响筒在敲击时能发出不一样的声音。

2. 制作手柄

将废旧纸箱拆解成纸板，裁剪成宽与易拉罐底部直径一样、长是易拉罐底部直径 3 倍的长条状，可多准备几条，重叠成多层，纸板间用胶粘牢。待胶晾晒干后，把直径适宜的废旧 PVC 管（约 20 cm），用胶在纸板中央位置垂直拼接、粘牢，使手柄整体形状呈 Y 字形。

3. 组装成形

将前面做好的响筒底部上胶，在手柄的纸板条两端进行粘贴，粘贴好以后，放在室外晾晒半天。等胶干透以后，可用竹筷依次敲击两个响筒，能发出不一样的声音。这样，一个简易的 Y 字形双响筒便制作完成。成品如图 2-7 所示。

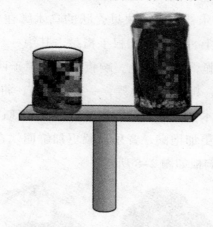

图 2-7　Y 字形简易双响筒

三、简易双响筒演奏方法

双响筒为敲击类乐器，演奏时，演奏者左手握手柄，右手持一根竹筷，根据音乐节奏，分别敲击左右塑料饮料瓶筒身，即可进行演奏。

四、扩展制作

可以使用废旧茶叶桶、不同口径的 PVC 管等材料，甚至可以用旧纸箱拆解出的纸板制作发音筒，制作 T 字形、Y 字形等多种形状的简易双响筒，或者制作简易单响筒（仿木鱼）、三响筒甚至多响筒。

第四节　简易响板

一、响板简介

响板是木制节奏打击乐器，由两块贝壳状的乌木绑在一起制作而成，演奏时，演奏者将响板挂在大拇指上，用另外四根手指敲击其中一片，从而发出富有穿透力的"嗒嗒"声，活泼而清脆，富有特色。响板最早起源于西班牙。响板的演奏形式有两种：一种是舞者使用，舞者一边跳舞，一边打响板，将乐器与舞蹈融合在一起，尤其是在西班牙的舞蹈艺术中，响板是西班牙舞蹈的灵魂；另一种是作为乐队的伴奏使用，可以使音乐氛围更加饱满，音乐形象更加鲜明。在交响乐、舞剧中都会偶尔出现响板。两种常见的响板如图2-8所示。

（a）　　　　　　　　　（b）

图2-8　响板

同时，由于响板操作简单，还常用于少年儿童的音乐节奏能力训练，帮助他们感受基础的节奏节拍，为培养音乐素养、发展音乐才艺做好铺垫。

二、简易响板制作

使用硬纸板、啤酒金属瓶盖等，可以制作出简易响板。成品如图2-9所示。

（一）工具与材料

1. 工具

家用剪刀，美工刀。

2. 材料

拆解快递纸包装盒得到的硬纸板，啤酒金属瓶盖或矿泉水瓶盖，热熔胶枪与胶棒，透明胶带。

（二）样式结构

根据材料，响板通常制作呈"∠"形状，由两个活动部件于尾部相连接，另一侧则呈开口分离的张开状，与打开的贝壳很相似。如果有条件的话，可以直接使用空的贝壳来制作简易响板。由于贝壳制作响板成本比其他材料成本要高，且不易获得。因此，制作者可以选用其他较易获取的材料来制作简易响板。

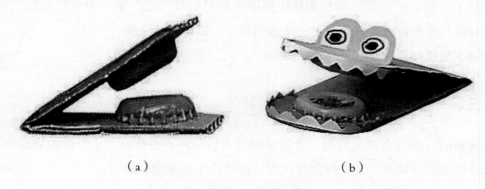

（a） （b）

图2-9 简易响板

（三）制作步骤

简易响板的制作步骤如下。

（1）用家用剪刀或美工刀，按长约160 mm、宽约40 mm将硬纸板截切出长条状矩形。

（2）将两个啤酒金属瓶盖或矿泉水瓶盖分别置于长条状矩形硬纸板两端，离边线约10 mm，再用热熔胶枪将瓶盖上胶粘牢。成品如图2-10所示。

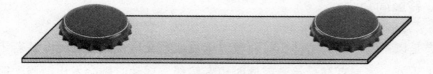

图2-10 瓶盖在纸板两端粘牢

（3）将硬纸板截切为两个长50 mm、宽10 mm的长条状矩形，每个均于两端上

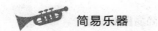

胶后，分别粘牢于对应瓶盖的背面位置，呈拱形状，作为指套环，便于人们穿入手指夹稳响板，起到固定作用，以避免出现打滑的情况。成品如图 2-11 所示。

图 2-11　粘接好的指套环

当然，也可以采用彩色的粗线绳穿接线板的方式替代纸材料形成指套环，这样既美观，也结实。

（4）等胶干了以后，将长条状矩形硬纸板对折呈"∠"形，两个瓶盖的位置正好相对应。在对折纸板时，粘上一条透明胶带，以增加其强度。

（5）适度加以美化，即可完成制作。

三、简易响板演奏方法

演奏时，演奏者将大拇指、食指分别穿入指套环，夹住呈"∠"形的简易响板，根据音乐节奏分别开、合大拇指与食指，使瓶盖相互撞击而发声。

四、扩展制作

如有条件，也可以换别的材料，如木片、PVC 管等，同样可以制作出简易响板。

第五节　简易铃鼓

一、铃鼓简介

铃鼓是以木制鼓框为主体，一面蒙以羊皮或尼龙皮，鼓框中间嵌装若干小金属片的打击乐器。演奏者在敲铃鼓鼓面时声音暗淡，摇动时则会发出清脆、明朗而悦耳的金属片撞击声。铃鼓既是节奏性乐器，又是色彩性乐器，可奏出丰富多变的节奏，表现轻快愉悦的情绪，烘托热烈欢快的气氛。我国新疆等少数民族风格的音乐作品中常有铃鼓的加入。[①] 常见的铃鼓如图 2-12 所示。

图 2-12　铃鼓

二、简易铃鼓制作

使用大号的纸餐盒、硬纸板、竹筷、金属啤酒瓶盖等，可以制作出简易铃鼓。

（一）工具与材料

1. 工具

家用剪刀，美工刀，铁钉，小铁锤。

2. 材料

硬纸板，金属啤酒瓶盖，一次性筷子（细圆棍状）或牙签，宽透明胶带，热熔胶枪与胶棒，彩纸或彩色笔。

（二）样式结构

参考图 2-13，简易铃鼓为一面封闭、另一面空开的平底直边圆形浅盆状，圆形边框中间间隔一定距离开有小矩形孔，每个孔内以一次性筷子（细圆棍状）或牙签为套轴，穿套有两个金属啤酒瓶盖。此外，边框上还有一个稍大的圆形孔，用于在演奏时穿套入大拇指，以方便演奏者抓住乐器。

---

① 王家祥，杨阳.铃鼓 [J].中小学音乐教育，2021（2）：60.

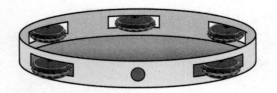

图 2-13　简易铃鼓

（三）制作步骤

1. 制作鼓框

裁剪硬纸板，制成长约 800 mm、宽 50 mm 的长条状纸板；在纸板条中间挖切出一个直径约 25 mm 的圆孔，用作演奏时穿套大拇指；在圆孔两侧按相同的间距挖切出 4 ～ 5 个长约 40 mm、宽约 25 mm 的矩阵孔。然后，将纸板条弯成圈环状，用胶将接头处粘牢。

2. 制作鼓面

将硬纸板按前一步所制鼓框的大小裁剪成一个圆形，用胶粘到鼓框其中的一面；再用宽透明胶带覆盖粘贴到其表面，以强化鼓面。

3. 处理金属啤酒瓶盖

用小铁锤、铁钉在金属啤酒瓶盖的正中央钻出直径约 5 mm 的小圆孔，具体大小可以有所变化。注意要用小铁锤将瓶盖底锤平整，瓶盖边缘不能留有毛刺，以防使用中出现意外划伤手的情况。

4. 制作套轴

取若干一次性筷子（细圆棍状）或牙签，剪切成长约 40 mm 的小棒，作为穿套金属啤酒瓶盖的套轴。

5. 套轴穿接瓶盖并将其固定

以两个瓶盖为一组，开口相对，穿接入套轴；再将穿好瓶盖的套轴两端用胶粘牢，固定于鼓框上的矩形孔内侧面的中间。

6. 美化

用彩纸或彩色笔对鼓面、鼓框进行适度的美化，即可完成制作。

三、简易铃鼓演奏方法

铃鼓的常用演奏方法是：其一，用右手食指钩住鼓框的圆孔，拇指与中指夹持住鼓框，左手则四指并拢略呈拱形，以左手指尖敲击鼓面中心或用手掌拍击鼓面中部，即可发出声音；其二，可以右手持握铃鼓，以鼓面撞击身体中的肩、肘、膝等关节部位；其三，右手持铃鼓，左手掌敲击鼓框，可以发出"嚓嚓"的声音；其四，以单手持铃鼓，手腕摇动，发出"嚓嚓……"的颤音效果。此外，也可以用大拇指指肚摩擦鼓面的边缘部分，使金属片发出连续震音，或者将鼓平放于膝上，用手指或鼓槌敲击鼓面或鼓边部分。[1]

四、扩展制作

根据个人制作水平及工具条件，以及所拥有的材料等实际情况，可以制作多种形状的简易铃鼓，如三角形、正方形等，而不必一定是圆形。此外，鼓面也可以换成塑料布等材料，同样可以取得较好的演奏效果。

第六节 简易串铃

一、串铃简介

串铃又称棒铃、雪橇铃，是一种历史悠久的摇击体鸣散响类乐器，其基本样式为穿套有若干小型金属铃铛的棒状或环状，可成对使用，也可单个使用，随着音乐或舞蹈节拍而摇动，可发出清脆悦耳、细碎的金属撞击声，能形成欢快或庄重的音乐氛围。在我国，串铃主要用于节庆等活动，国外如印度、英国等民间也有类似的乐器[2]。常见串铃如图2-14所示。

---

① 张艺妍.铃鼓演奏技法"滚奏"的探究——以《两个铃鼓之间的对话》为例[D].上海：上海音乐学院，2017.

② 关肇元.世界乐器图说[19][J].乐器，1988（1）：19-22.

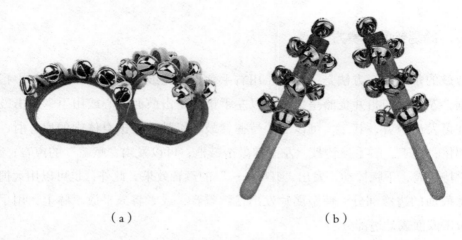

（a）   （b）

图 2-14　串铃

二、简易串铃的制作

使用废旧矿泉水瓶或 PVC 管、金属啤酒瓶盖等材料，可以制作出简易串铃。

（一）工具与材料

1. 工具

家用剪刀，美工刀，尖嘴钳，小铁锤，铁钉。

2. 材料

20 型 PVC 管（外径 20 mm），金属啤酒瓶盖，14 号铁丝（直径约 2 mm），彩色布条或绸带条，彩色胶带或彩色纸，热熔胶枪与胶棒。

（二）样式结构

简易串铃以 PVC 管为主体，以细铁丝穿套两个金属啤酒瓶盖为一串，两串相对称，纵向平行排列，固定于 PVC 管上部左右两侧，尾部环绕粘有彩色纸条，并在尾端系有布条或绸条带。成品如图 2-15 所示。

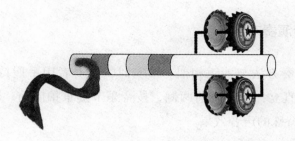

图 2-15　简易串铃

（三）制作步骤

1. 加工处理 PVC 管

取长约 20 cm 的 20 型 PVC 管，用剪刀的尖头在距其头端约 10 mm 的位置左右对称钻出两个小孔；在距其头端 50 mm 处左右对称钻出两个小孔，用于后续插入细铁丝。

2. 加工铁丝

取长约 70 mm 的 14 号铁丝（直径约 2 mm），用尖嘴钳将其两端直角弯折成带两只脚的拱桥状，左右两只脚长约 10 mm。一共制作两只，作为穿套金属啤酒瓶盖的支架。

3. 加工金属啤酒瓶盖

用小铁锤、铁钉在四个金属啤酒瓶盖中央钻出直径约 3 mm 的小孔。需注意，金属啤酒瓶盖上不能有尖利的毛刺，应尽可能处理光滑。

4. 组装

先将两个金属啤酒瓶盖开口相对，用拱桥状铁丝穿套好后，再将拱桥状铁丝的两只脚插入 PVC 管中预先钻出的小孔，然后在小孔处用热熔胶粘牢固定。以同样的方法在 PVC 管上安装另两个金属啤酒瓶盖与拱桥状支架。

5. 装饰

将彩色胶带或彩色纸缠绕在 PVC 管上，既起装饰作用，也可以防止演奏者的手打滑。此外，还可以用彩色布条或绸条带来装饰。到此，即完成制作。

三、简易串铃演奏方法

简易串铃的演奏方法与沙锤相似。演奏时，演奏者用手握持串铃的手柄部分，双手各一个，手柄直立，置于胸前两侧，按音乐节奏重拍向前、弱拍向后，抖腕摇动串铃，即可形成特殊的声音效果。

四、扩展制作

在实际制作中，可以用木棒、空矿泉水瓶等替代 PVC 管，用线绳替代铁丝，还可以增加金属啤酒瓶盖的数量等，这样可以制成不同样式的简易串铃。

第七节　简易非洲鼓

一、非洲鼓简介

非洲鼓是非洲土著民族的传统乐器，属于皮膜类敲打乐器。非洲鼓起源于 13 世纪曼丁人建立的马利王朝，是最具代表性的打击乐器，其形状模仿磨玉米或谷类的石磨，剜空整块树干再蒙上羊皮制成。通常鼓身 50 ～ 60 cm，直径 30 ～ 38 cm，但有一些来自科特迪瓦的非洲鼓直径会更大。非洲鼓用手拍击发声，当拍击的部位不同时，音色也不相同，可以发出高、中、低三种声音。这种鼓可以用作独奏，也可以和其他非洲传统乐器进行合奏。非洲鼓广泛运用到各种节庆场合，如音乐会、婚礼、节日庆典等，是非洲民族、部落及其宗教文化的重要象征。[①] 常见非洲鼓如图 2-16 所示。

---

① 谈旭琳. 浅谈非洲鼓 [J]. 黄河之声，2019（14）：86.

图 2-16　非洲鼓

二、简易非洲鼓制作

使用体积较大的纸箱，或者是废旧的塑料盆、塑料桶等，可以制作出简易非洲鼓。

（一）工具与材料

1. 工具

家用剪刀，美工刀。

2. 材料

体积稍大的纸箱，废旧塑料桶，宽透明胶带，热熔胶枪与胶棒，彩纸或彩色笔。

（二）样式结构

根据材料的不同，可以制作出多种形状的简易非洲鼓。如图 2-17 所示，图（a）是用两种不同大小的纸箱拼合粘接而成的简易非洲鼓，图（b）是用废旧的塑料桶拼合粘接而成的简易非洲鼓。

（a）　　　　　　　　　　　（b）

图 2-17　简易非洲鼓

（三）制作步骤

简易非洲鼓的制作有以下两种方式。

1. 用纸箱制作简易非洲鼓

第一，合理选材。通常是选择两种大小不同的方形纸箱作为原材料，其中一个最好是扁平状，另一个则以长方柱状为宜，两者都尽可能大一点。

第二，开孔。把两个纸箱将要拼合的位置用剪刀或美工刀挖切出圆形或方形的孔洞。注意大小要一致，位置要相对应。

第三，拼合箱体。将扁平状的纸箱放在上方，长方柱状的放在下方，两个纸箱上的孔洞相对，用胶粘牢。

第四，强化处理鼓面。用宽透明胶带覆盖粘贴扁平状纸箱，将其作为击打受力部位的表面及其边缘部分，以强化鼓面，也可改善击打时的音效。

第五，美化。用彩纸裁剪出非洲风格的图案，上胶粘贴到鼓身、鼓面上，也可以用彩色笔在鼓身周边绘制相应的图案，这样即可完成制作。

如果试奏时，发现声音偏于沉闷，在纸箱的最下方底面中间开挖出一个稍大的圆形孔洞，就可以改善声音效果。

2. 用废旧塑料桶制作简易非洲鼓

第一，合理选材。通常选用装建筑装修涂料的废旧塑料桶，根据实际选择一大一小两个桶。

第二，桶底开孔。把两个塑料桶将要拼合的桶底位置用剪刀或美工刀挖切出圆形或方形的孔洞。注意大小要一致，位置要相对应。

第三，拼合塑料桶。大的塑料桶在上方，小的塑料桶在下方，两者桶底上的孔洞相对，用胶粘牢。

第四，制作鼓面。用硬纸板裁剪出比大塑料桶上口直径稍大一点的圆，覆盖在大塑料桶口，先用热熔胶粘牢。待胶晾干后，再于硬纸板表面及其边缘用透明胶带覆盖粘贴一层，以强化鼓面，也可改善击打时的音效。

第五，美化。用彩纸裁剪出非洲风格的图案，上胶粘贴到鼓身、鼓面上，即可完成制作。

三、简易非洲鼓演奏方法

非洲鼓的演奏方式为用手掌、手指击打鼓面，双手交替击打，可站立或坐着演奏。通常演奏者在演奏低音时，五指并拢，以手掌击打鼓面中间部位，此时击打施力的重心在整个手掌上；在演奏中音时，大拇指在外，其余四指并拢并以四指击打鼓的边缘部位；在演奏高音时，大拇指在外，其余四指张开并击打鼓的边缘部位。

四、扩展制作

根据材料、工具的不同，可以制作出各种形态的简易非洲鼓。甚至可以将大号的废旧塑料水桶或垃圾桶洗净、美化后作为简易非洲鼓来使用。

第八节 简易架子鼓

一、架子鼓简介

架子鼓即爵士鼓，起源于美国，形成于 20 世纪 30 年代。架子鼓是随现代爵士乐、摇滚乐的兴起而逐步发展起来的一种打击乐器，是现代流行音乐演奏与伴奏中重要的节奏乐器。架子鼓通常由一个脚踏的低音大鼓（俗称"底鼓"）、一个军鼓、两个或多个嗵鼓、一个或多个吊镲、一个带踏板的踩镲、一个节奏镲等部件组合而成，还可以根据演奏的需要，增设其他打击乐器。演奏时，鼓手常使用一对木制鼓

槌，以敲击方式进行演奏。① 常见架子鼓如图 2-18 所示。

图 2-18　架子鼓

二、简易架子鼓制作

使用生活中各种废旧物品，如油桶、塑料盆（桶）、纸箱、竹竿或 PVC 管、硬纸板、锅盖等多种材料，可以制作简易架子鼓。

（一）工具与材料

1. 工具

家用剪刀，美工刀，小手锯，小铁锤。

2. 材料

空奶粉罐两个，小铁盆或铝盆两个，塑料盆一个，筷子两根，锅盖两个，布，粗线绳，20 型 PVC 管（外径 20 mm）若干（如有各种接头，会更好）。

（二）样式结构

根据材料的不同，可以制作多种样式的简易架子鼓。成品如图 2-19 所示。

---

① 高生 . 爵士鼓的发展历史与功能作用 [J]. 大众文艺，2011（23）：5.

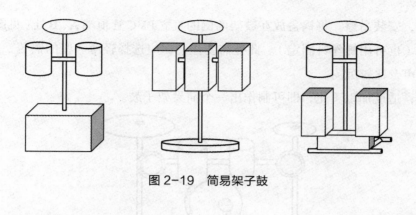

图 2-19 简易架子鼓

（三）制作步骤

简易架子鼓的制作步骤如下。

第一，制作鼓架。用 20 型 PVC 管拼接制作出一个鼓架，具体宽、高尺寸根据材料与使用者的身高等来确定。图 2-20 是 PVC 管鼓架。

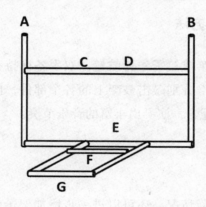

图 2-20 PVC 管鼓架

第二，安装底鼓。将塑料盆紧贴底边的 PVC 横杆，盆口朝前，用胶固定粘牢在鼓架底边中部的 E 处（见图 2-20）。当然，也可以用稍结实的纸箱来替代塑料盆。

第三，制作脚踏击锤。取富有弹性的长约 300 mm、直径约 5 mm 的实心细竹竿，稍细的一头作为击锤顶端，用布紧密地缠绕成球状，外边用布包裹，再用粗线绳扎牢。细竹竿稍粗的一端作为底端，插入鼓架底边向后伸出的 F 点处，用胶固定。

第四，安装配件。把奶粉罐包装处理后，作为嗵鼓，罐底斜向上，分别用胶固定在鼓架的上边横杆中间 C、D 位置（见图 2-20），再把铁盆、塑料盆也以相似的方式用胶固定在两侧。

第五，安装吊镲。将锅盖放在鼓架两侧的直立PVC管顶端A、B处（见图2-20），用胶固定（也可用螺丝钉固定）。此处需要注意，应选择轻薄一些的锅盖，否则敲击时发出的声音比较沉闷。

第六，适度加以美化，即可制作出一个简易架子鼓。

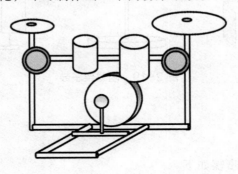

图 2-21　简易架子鼓

三、简易架子鼓演奏方法

演奏时，演奏者以竹竿或筷子作为鼓槌，双手各握持一支鼓槌的尾部，将鼓槌的另一端作为槌头，按节奏分别敲击鼓架上的各个部件，同时让右脚前脚掌向前踩踏脚踏击锤，就可以手脚配合，演奏出丰富的音乐节奏。

四、扩展制作

根据工具与材料的实际情况，还可以进一步增加架子鼓的组成部件，这样可有效提高其演奏的效果。

第九节　简易编钟

一、编钟简介

编钟是我国古代大型击奏体鸣乐器，兴起于商周，繁盛于春秋战国直至秦、汉。1957年在河南信阳城长台关旧址考古时出土的第一套编钟，据考证是制造于战国时期（公元前 475—前 221 年）。[1]

古代编钟是用青铜铸成，将大小不同的扁圆状钟按照音调高低次序悬挂、排列于巨大的铜木结构钟架上。演奏时，由专人负责，使用丁字形的木槌、长形的棒分别敲打铜钟，使其发出不同的乐音，从而演奏出美妙的乐曲。

编钟是受击打后依靠自身振动而发声，钟体小则音调高、音量小，钟体大则音调低、音量大。编钟的音色清脆悠扬，穿透力极强，气势宏大，层次丰富。编钟在古代主要用于宫廷演奏，每逢征战、朝见或祭祀、庆典等活动时，都要演奏编钟，是帝王阶层专用乐器。编钟是我国古代王权等级、权力与财富的象征。常见编钟如图 2-22 所示。

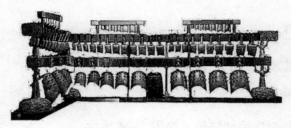

图 2-22 编钟

二、简易编钟制作

如果在玻璃啤酒瓶内装上不同体积的水，用竹筷等硬物敲击玻璃啤酒瓶身，则能发出类似编钟那样高低不同的声音。[2] 因此，参考图 2-23，用简易的材料与工具，可以制作简易编钟。

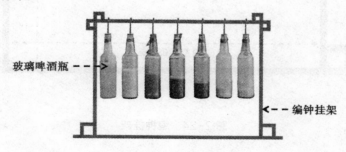

玻璃啤酒瓶 - - -

- - 编钟挂架

图 2-23 简易编钟

① 李纯一. 关于歌钟、行钟及蔡侯编钟 [J]. 文物，1973（03）：15-19.
② 张恩德，钟双龙，马泽鹏. 水瓶琴发声原理的深入研究 [J]. 物理教师，2014，35（3）：44-46.

（一）工具与材料

1.工具

小铁锤，家用剪刀，美工刀，铅笔，直尺。

2.材料

20 mm×20 mm 的细木条（可用 PVC 管、PPR 管、竹竿等替代）若干，铁钉若干，空啤酒瓶七个（最好是 500 ml 容量的透明无色玻璃啤酒瓶，其瓶身直径 75 mm，高度 238 mm），竹筷或竹竿两根，彩色线绳若干，14 号铁丝若干。

（二）制作步骤

简易编钟的制作步骤如下。

1.编钟挂架制作

用细木条等材料制作编钟挂架，如图 2-24 所示。

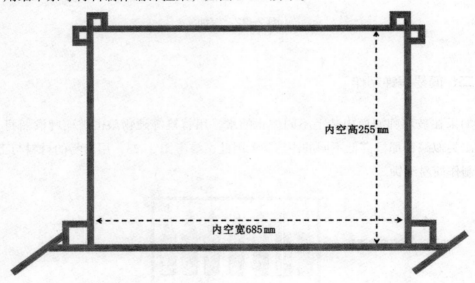

图 2-24　编钟挂架

在实际制作时，根据所用材料，特别是啤酒瓶的规格尺寸，挂架的尺寸可以有所不同，样式也可以有所差别。但要保证稳定，架内空间能够悬空挂放七个啤酒瓶，在形制上最好能做成仿古样式。

2. 酒瓶加水校音

找一个相对安静、无其他声音干扰的地方，借助从网上下载的校音软件，用竹筷或竹竿敲击空酒瓶，确定其空瓶的音高，并贴上小纸片，做好标记。然后，依次将水加注到酒瓶内，注意边加水、边敲击试音，直到七个酒瓶发出的音正好能构成一个八度音域。

这一步是整个制作过程的关键，如果制作者本人听不准音，可以多找几个人，一起来听音、辨别，以保证校音的准确性。全部酒瓶的音校好后，可用彩色小纸条贴在酒瓶的外壁上，以指示酒瓶内的水位线，便于以后重复使用。如有条件，可以在酒瓶内的水中添加彩色颜料，染成不同的颜色。

3. 挂置啤酒瓶

在加好水、校好音的啤酒瓶瓶口附近的瓶颈部位绕系上比较结实的细线绳并系牢固，然后系挂到编钟挂架的横杆上，使全部啤酒瓶悬空吊挂于编钟挂架内。制作者应注意，各个酒瓶之间至少要保持约 20 mm 的间隔，而且不能与底架相接触。如有条件，可以用 14 号铁丝来替代细线绳。

4. 击锤制作

将 14 号铁丝缠绕、固定在竹筷或竹竿的一端（可以多缠绕几圈），作为敲击啤酒瓶的锤头，这样可以使酒瓶发出的声音更明亮、更悦耳。将彩色线绳缠绕、固定在竹筷或竹竿的另一端，作为手持部位，可以防止手滑，也可以使击锤更美观。当然，也可以直接用长柄的金属汤匙或者稍粗的金属杆等物品来当击锤。至此，即完成了简易编钟的制作。

三、简易编钟演奏方法

演奏时，演奏者的双手握持击锤尾部，用击锤的锤头轻敲啤酒瓶身，就可以演奏出简单的音乐旋律。

四、扩展制作

如果不用挂架来悬挂啤酒瓶，可以将扁平的纸箱作为基座，将啤酒瓶直立放置，瓶底嵌入并固定在纸箱内，如图 2-25 所示。这样可以避免由于敲击带来的啤酒瓶摇

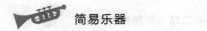简易乐器

摆晃动、相互撞击而产生的杂音。

图 2-25　基座式简易编钟

　　如有条件，还可以进一步增加其他容积大小、形状的玻璃瓶，制作成有上、下两排瓶子的编钟。这样可以扩展音域，能够演奏更多、更复杂的乐曲。此外，如有兴趣，可以用竹筒、金属管等替换玻璃啤酒瓶作为发音部件，制作出音色不同的简易编钟。

052

第三章　简易吹管乐器

　　所谓吹管乐器，简而言之，是指主体为各类管形样式，依靠口腔呼出气流来演奏的乐器，其从发声原理上说属于气鸣乐器。吹管乐器是一个历史悠久的大家族，类型多样。从其发音体来看，可分为三大类：一是吹孔切音类，如笛子、箫、埙、排箫等，是依靠气息经由吹孔切音，引起管内空气柱的振动而发音；二是哨片振动类，如唢呐、管子等，是依靠气息带动薄片状的哨片哨子振动，引起管内空气柱的振动而发音；三是簧片振动类，如笙、芦笙、巴乌、葫芦丝等，是依靠气息带动特制的簧片振动，引起管内空气柱的振动而发音。

　　多数吹管乐器体形不大、便于携带，也比较容易学会，易于推广。制作者利用生活中常见的物品，如奶茶吸管、PVC 管、PPR 管、矿泉水瓶、废旧塑胶拖鞋底或橡胶地垫等，借助家庭常见工具，自己动手，便可制作出哨笛、排箫、横笛、箫、葫芦丝等能够演奏音乐旋律的简易吹管乐器。

第一节　简易哨笛

一、哨笛简介

　　哨笛，也称锡口笛，是爱尔兰地区凯尔特人的一种民族乐器，因其在爱尔兰传统音乐里使用较为广泛，所以又常被称为爱尔兰哨笛。早在 15 世纪，爱尔兰宫廷就有关于御用哨笛手的记载。在北欧英伦三岛，曾经只需花费 1 个便士就可以欣赏街头艺人用哨笛演奏的曲子，因此哨笛也被称为便士哨笛（penny whistle）。[1]

　　哨笛通常用管壁较薄的木管、竹管、锡皮、铝管、塑料管等材料来制作，主要由笛头（含进气吹口、音窗）、带有六个指孔的主管构成。常见哨笛如图 3-1 所示。

---

① 栗树.爱尔兰传统乐器 [J].乐器，2019（6）：60-63.

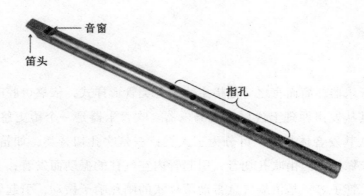

图 3-1 哨笛

　　哨笛属于单管边棱气鸣乐器。其发声原理是依靠气流通过吹嘴处的狭长矩形状气流通道，形成狭窄的条带状气流，冲击矩形音窗边棱，因气流被很薄的斜坡面边棱高速切割，发出明亮的气鸣音，再配合管身上不同指孔的开合、气流的缓急，在主管内引起不同的空气柱振动，从而发出高低不同的声音。

　　按音域的不同，哨笛可分为高音哨笛、中音哨笛、低音哨笛三类：高音哨笛形制上短而细小，音色如同清晨的鸟啼，婉转清亮而富有穿透力，适合演奏节奏明快而活泼的乐曲；低音哨笛形制上长而粗大，音色低沉、温暖、沉静、沧桑，犹如安详的老者在低吟，充满着睿智与思考，适合演奏旋律速度稍慢的抒情类乐曲；中音哨笛则兼具高、低音哨笛的特点，音色既醇厚、华丽，又不失清澈、明亮，比较适合演奏旋律优美的中速乐曲。

二、PVC 管简易哨笛制作

　　使用适宜口径的 PVC 管材，可以制作能演奏音乐旋律的简易哨笛。

（一）工具与材料

1. 工具

家用剪刀，美工刀，铅笔，直尺，小手锯或短锯条。如有条件，可准备手电钻及相应的钻头，以及砂纸、小号的平锉刀（可将砂纸卷裹在竹筷方头上来替代）。

2. 材料

以制作中音 C 调哨笛为例，需要白色 20 型 PVC 管（外径 20 mm，内径 17 mm），长约 355 mm，一小节木块（规格为上底直径约 43 mm，下底直径约 37 mm，高约 32 mm）。

（二）基本结构

如图 3-2 所示，简易哨笛由吹嘴套帽、笛塞、主管三个部分构成，其中笛塞是插、夹在主管头端内，吹嘴套帽则从外部套夹住主管的头端，吹嘴套帽、笛塞与主管头端的矩形开孔之间形成一个很小的矩形音窗（也称吹口窗，向着指孔方向的边棱为一个用于切割气流的斜坡面），同时在吹嘴套帽、笛塞之间形成一个狭长而薄的长条矩形状气流通道。此外，主管上有六个直径大小不等的圆形指孔。其组装好的样式如图 3-3 所示。

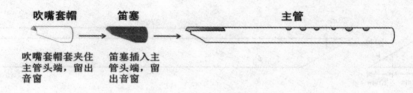

图 3-2　简易哨笛零部件

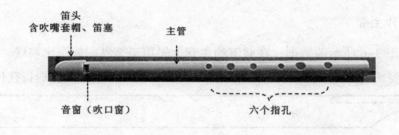

图 3-3　简易哨笛

（三）制作步骤

1. 裁切 PVC 管材

用美工刀截下长度为 355 mm 的 20 型 PVC 管，斜向标绘，使主管分为两个部分，长的一截作为哨笛主管，短的则用来制作吹嘴套帽。图 3-4 为裁切的 PVC 管材。

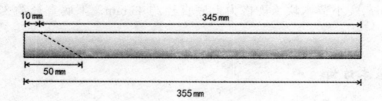

图 3-4　裁切 PVC 管材

2. 分切 PVC 管材

分切长度为 345 mm 的 PVC 管，如图 3-5 所示。将尖端切掉 20 mm，作为哨笛主管；将另一截短的 PVC 管的尖端切掉 20 mm，留着制作哨笛吹嘴上的套帽。

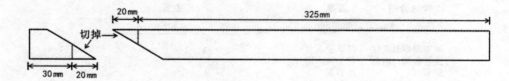

图 3-5　分切 PVC 管材

3. 制作主管

参考图 3-6 所示的数据，在截下的主管上先用铅笔纵向标画出基线，再依照基线标画出将要切出的矩形音窗切口、吹嘴斜切口，以及将要挖出的圆形指孔位置、大小。

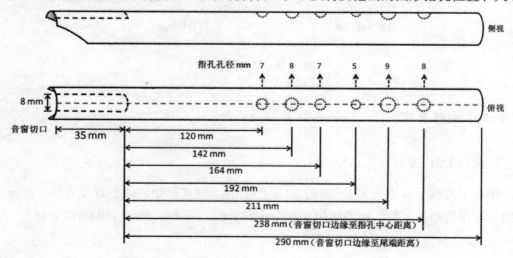

图 3-6　主管尺寸标绘

然后，用美工刀在主管的尖端部位切出长 35 mm、宽 8 mm 的矩形音窗切口；再用家用剪刀或其他合适的工具在主管上相应位置钻凿出圆形的指孔。此时注意尺寸要准确，切口边缘要修得整齐、平滑。矩形音窗切口的底边（靠近指孔的一端）用美工刀斜着切削成约 4 mm 宽的平缓斜坡面，整个斜坡面要用小号平锉刀或砂纸修磨得整齐、平滑，如图 3-7 所示。

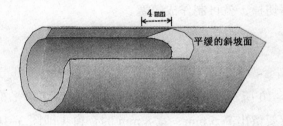

图 3-7　矩形音窗切口

4. 制作吹嘴套帽

用美工刀把 PVC 管切成如图 3-8 所示的形状，作为吹嘴套帽，用来套夹在主管头端。

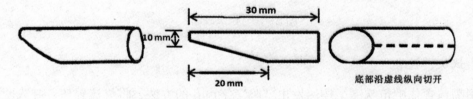

图 3-8　吹嘴套帽

5. 制作笛塞

用美工刀将一小节木块（或一小节扫帚木把或粗细适宜的树杆），切削成如图 3-9 所示的形状，直径为 17 mm（即与主管内径一样，可略微粗一点点，以加强密封效果），作为笛塞。其外表应尽可能平滑，如有条件，可用砂纸将表面打磨光滑。

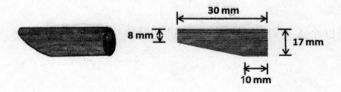

图 3-9　笛塞

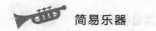

具体制作笛塞时，可先用主管的尾端垂直于木块的圆底面上，用力下压主管并稍加转动，这样可以在木块的圆底面上留下管径的痕迹；接着用美工刀沿着管径痕迹的外边缘切削出大致的圆柱状，再用砂纸细心地进行砂磨，直到成为能够刚好塞进密封主管的样式；其后，将其塞进主管头端（即开有长条矩形状音窗切口的位置），对齐主管上的吹嘴斜切口，用铅笔标画出需要切割的斜线，再用小手锯或锯条将多余的尖端部分锯切掉，就可制作成笛塞。

6. 组装

完成主管、吹嘴套帽与笛塞的制作后，就可以将这三个部分组装起来，使其成为一支哨笛。如图 3-10 所示，先将笛塞从主管的吹嘴斜切口平推塞入，再将吹嘴套帽套在主管上。注意要留出高 5 mm、宽 8 mm 的音窗（即图 3-10 中的吹口窗）。

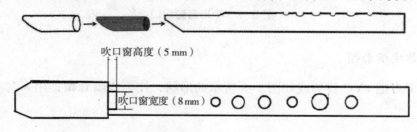

吹口窗高度（5 mm）

吹口窗宽度（8 mm）

图 3-10　组装哨笛

7. 试吹、校音

用嘴包含住哨笛吹嘴，按照发出"呜"字声音的方法，将气流轻压、呼入吹嘴，这样就可以吹响哨笛了。通过电脑或手机从网上查找、下载、安装适用的校音软件，如 MultiTuner 等，也可用其他校音软件。

全按指孔，轻吹哨笛，中音 C 调哨笛发出的音应为 C5（C 调的 do，简谱记作 1），稍用力吹则是高八度的音 C6。如果音偏高，则可环切一小截 PVC 管，拼接到主管尾端并用 PVC 给水胶或透明胶粘牢；如果音偏低，则用砂纸将主管尾端打磨短一点，直到发音标准。通常，由于气温等多种因素，音高可能会有一点点偏差，但不会有太大的影响。

此外，可根据个人喜好，对哨笛管身进行适度的美化。

三、简易哨笛演奏指法

演奏时，全按孔筒音作 1（do）的指法可参考图 3-11（此为哨笛本调指法，黑色实心圆为按住指孔，空心圆为放开指孔）。

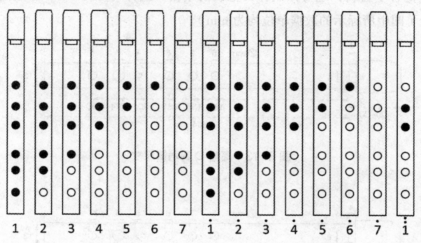

图 3-11　哨笛本调指法

当然，也可以参考中国传统横笛全按孔筒音作 5（so）的吹笛方法来演奏哨笛（此为哨笛副调指法，如图 3-12 所示）。

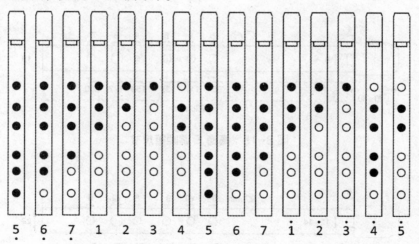

图 3-12　哨笛副调指法

四、扩展制作

掌握了前述简易哨笛的制作方法以后，可以选用其他不同口径的 PVC 管或管壁较薄的其他管型材料，还可以制作其他调的哨笛，具体可参考图 3-13 至图 3-21 所示的尺寸（图中所标示的数据单位均为 mm）。

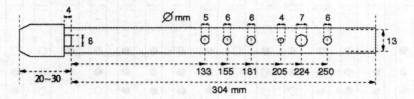

图 3-13　高音 C 调哨笛尺寸

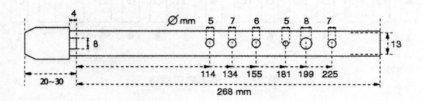

图 3-14　高音 D 调哨笛尺寸

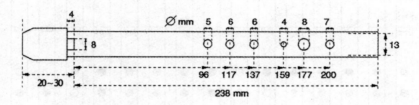

图 3-15　高音 E 调哨笛尺寸

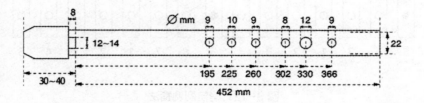

图 3-16　中音 F 调哨笛尺寸

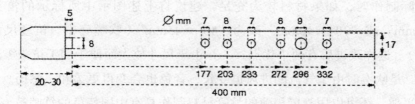

图 3-17 中音 G 调哨笛尺寸

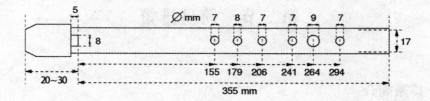

图 3-18 中音 A 调哨笛尺寸

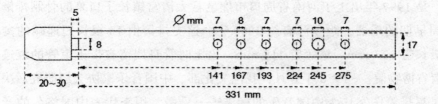

图 3-19 中音降 B 调哨笛尺寸

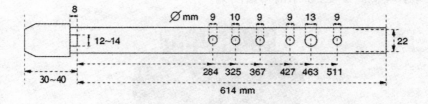

图 3-20 低音 C 调哨笛尺寸

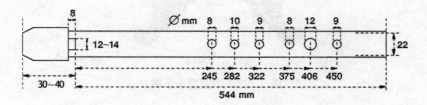

图 3-21 低音 D 调哨笛尺寸

在实际制作时，如果材料较为充足，建议将上述图示中所标示的笛头尺寸由"20 ～ 30mm"或"30 ～ 40mm"改为"40 ～ 45mm"（吹嘴套帽、笛塞尺寸相应地都要加长）。这样改进后有两个优点，一是由于尺寸放大而便于加工笛头零部件时握持操作，二是吹奏时由于气流的进风道变长，音色也会变得更柔和、悠扬。

如有兴趣，还可以用管壁稍薄的竹管材料制作具有中国特色的竹哨笛。

第二节　简易排箫

一、排箫简介

排箫又名参差、云箫、凤箫，是我国历史悠久的传统乐器之一。迄今发现最早的排箫，是 1997 年出土于河南省周口市鹿邑县太清宫镇长子口墓的骨制排箫，属于我国西周早期的乐器，距今已有约 3000 年。这支排箫由 13 根长短递减的禽类腿骨制成，最长管 327 mm、最短管 118 mm，出土时管身残留有带子束管的痕迹，现收藏于河南省博物院。[①]1956 年 8 月，我国文化部、中国音乐家协会经研究后决定，以古制双凤翼排箫图案作为中国音乐的标志——乐徽，用来代表中国悠久的音乐文化和丰富多彩的民族音乐艺术。此后，在中国音乐界向国外友人赠送的纪念章或礼物上，就常印有类似图 3-22 所示的排箫图案。[②]

图 3-22　中国音乐乐徽

① 王子初 . 排箫 [J]. 乐器，2003（09）：89-90+92.
② 李德真 . 漫话乐徽——里拉与排箫 [J]. 音乐爱好者，1980（02）：82-83.

排箫主要是把一组相同材质、不同长短且上端开口而下端密封的发音管按音序平行排列，并用粘接、线绳捆绑或者加装框架、横架等方式，把发音管固定整合成一件乐器。有的排箫还在侧面横架端头或者是最侧边发音管的底部穿孔、系挂上起装饰作用的红色中国结等样式的线穗吊饰。常见排箫如图 3-23 所示。

图 3-23　排箫

　　排箫通常可用木材、竹管、铜管、塑料管等来制作，材料不同，音色也不同。其主要有 8、10、13、17、18、21、22、24 管等规格。如果按调性的不同来划分，排箫可以分为 C 调排箫、D 调排箫、E 调排箫、F 调排箫和 G 调排箫等，其中 C 调和 G 调排箫较为常用。

　　排箫属多管边棱气鸣乐器，其发声原理与我国的横笛、箫等相同，是依靠演奏者将双唇收闭呈小的扁孔状，以一定速度呼出细薄气流，从发音管吹口端的侧面稍倾斜地吹入，气流撞击管口对侧的管壁边棱，产生涡旋运动，带动发音管内腔空气柱产生振动，发出声音。由于各个发音管内部空气柱长短不同，气流在发音管内的振动周期与振动频率也不同，因而就产生了高低不同的声音。

　　排箫的音色纯美自然、轻柔细腻、空灵飘逸、余韵深长。排箫发出的声音如同天上的流云，超凡脱俗而质朴、空灵，具有浓郁的原始风味，穿透力和共鸣性均很强，常被称为"天籁之声"。排箫适宜演奏深婉、柔美的抒情乐曲。

二、吸管简易排箫制作

　　使用相同口径的多根奶茶吸管，可以制作出能演奏音乐旋律的简易排箫。

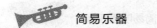

（一）工具与材料

1. 工具

家用剪刀，美工刀，竹筷或稍长的细竹竿。

2. 材料

奶茶吸管（最好为黑色，内径 10 mm）共十二根，厚 8 ～ 10 mm 的废旧橡胶地垫一小块（可用废旧橡胶拖鞋底板替代），红色线绳若干，双面胶若干。

（二）制作步骤

1. 发音管制作

根据实测数据裁剪十根奶茶吸管，作为排箫的发音管，注意管口要修得平整、光滑，不能有尖锐的裂口。图 3-24 是发音管尺寸。

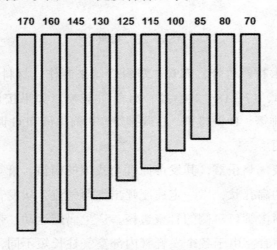

图 3-24　发音管尺寸（单位：mm）

2. 活塞制作

将废旧橡胶地垫剪裁为直径约 12 mm 的小圆块（即要比发音管直径稍大，能从内部平展地撑紧、密封住发音管而不会漏气），一共需制作十块。

3. 活塞安装

将活塞从发音管底部平行塞入，并将竹筷或稍长的细竹竿插入发音管，将活塞平推、移动到图 3-25 所示的位置，将发音管的底端密封。

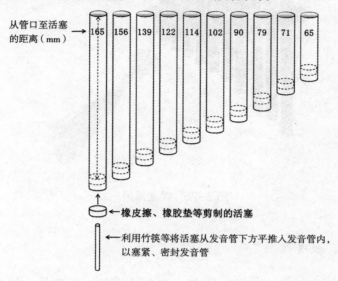

从管口至活塞
的距离（mm）165 156 139 122 114 102 90 79 71 65

← 橡皮擦、橡胶垫等剪制的活塞

← 利用竹筷等将活塞从发音管下方平推入发音管内，
以塞紧、密封发音管

图 3-25　安装活塞

4. 组装

裁剪两根约 160 mm 的奶茶吸管，将其用开水烫热后，置于平整的桌面，覆盖上厚的书或者木板，用力压扁，并加上重物压住，静置一段时间，使其形状固定。然后取出已变成扁平状的吸管，分别于每根吸管的一面粘上双面胶，作为排箫的横架。当然，也可以改用其他材料，如竹筷、细竹竿、细木条等，将其制成排箫的横架。按 3 mm 间距，依次将十根发音管垂直粘到横架上，横架的上边缘距离发音管的管口约 35 mm。需要注意的是，所有发音管的顶端要对齐。

5. 美化

用红色线绳将横架与发音管缠绕、固定，具体缠绕形状可自定。以中式古典风格为佳，还可适度美化。成品如图 3-26 所示。

图 3-26　简易排箫

（三）试吹、校音

通过电脑或手机从网上查找、下载、安装适用的校音软件，如 MultiTuner 等，用于发音管校音。

试着吹奏每根发音管，通过校音软件逐个校音，十根发音管分别为 B4、C5、D5、E5、F5、G5、A5、B5、C6、D6，也就是简谱的 7、1、2、3、4、5、6、7、1、2 等十个音（发音管越长，音高越低，反之，音高就高）。如果试吹的音偏高，可用竹筷将活塞稍向下移动，反之则向上移动，直到音高符合标准。

试吹时，将排箫管口置于双唇中间，近于垂直地贴住下嘴唇唇线以上的位置，轻轻贴压住下嘴唇。吹奏时，脸部应呈微笑状，嘴角自然地向两侧拉开、轻微闭合，舌尖则向前伸出，抵住双唇中间，然后向后快速收回舌尖的同时，轻启双唇中间部位，并对着管口平面平行地吹出细薄的条带状气流，就可以产生悦耳的音乐。如果要变换吹奏不同的发音管，则向左或右移动排箫，并注意尽可能使发音管能够保持垂直。

全部发音管的音校准以后，就可以用来吹奏简单的乐曲，如《小星星》等。

三、PVC 管简易排箫制作

如果有条件，可以换用建筑装修中常用的各种型号的 PVC 管，参考前述用奶茶吸管制作简易排箫的方法，设计、制作出音域更宽、音色更好听的 15 管排箫。[①] 发

① 赵洪啸，吴丹 . 用 PVC 管自制 15 管排箫 [J]. 乐器，2006（8）：20-21.

音管、笛塞等所需的具体数据可参考图 3-27。

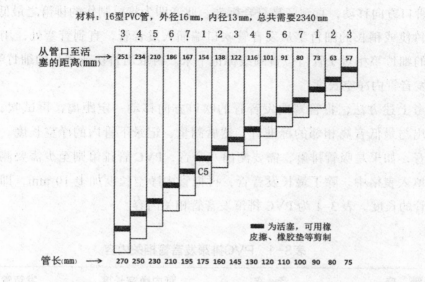

图 3-27　PVC 管简易排箫

此处需要注意，在使用 PVC 管制作排箫的发音管时，应用砂纸将吹口端边缘打磨光滑，以防吹奏时嘴唇被过于锐利的吹口边缘划伤。如果不加横架、不用线绳捆绑方式来固定发音管，则 PVC 管相互间需要使用从五金店购买的专用 PVC 给水胶来粘接、固定。

如果要在 PVC 管身上绘涂装饰图案、颜色等，需要先用细砂纸将管身表面打磨粗糙，如此才能保证绘涂的装饰不会掉色。如果有条件的话，还可以再涂上一层透明清漆作为保护层。

四、扩展制作

如果有其他内径的 PVC 管，或是需要制作其他调性的简易排箫，可利用以下方法来测定发音管的管长。

（一）试吹测音法

找一节长度适宜的 PVC 管，作为排箫的最长发音管，通过试吹测定音高的方式来确定发音管的长度。

试吹时，通过校音软件，测出最长发音管的音高，应尽可能达到某一标准音。

简易乐器

如果试吹的音相对于某一标准音偏高，可用竹筷将活塞稍向发音管的底部移动，反之则向管口方向移动，直到音高符合标准。此音即为将要制作的排箫之最低音。

将竹筷或稍长的细竹竿从发音管吹口端插入发音管，直到管塞处，用笔将竹筷或稍长的细竹竿相对于管口位置画线标记下来。再取出竹筷或稍长的细竹竿，测量、记录下发音管内净空长度。

参考上述方法，将管塞向发音管的吹口方向移动一定距离，再试吹、测音高，直到吹出与最低音高相邻的标准音，然后测量、记录下管内的净空长度。按此方法逐步测音，如果是吸管排箫，需要测出八个音，PVC 管排箫则至少需要测出十三个音，并填入表格中。除了最长发音管，再把管内净空长度加上 10 mm，即可得到其余发音管的长度。表 3-1 为 PVC 排箫发音管相关内容。

表3-1　PVC排箫发音管相关内容

管　序	音　名	管内净空长度	发音管长度
1			
2			
3			
4			
5			
6			
7			
8			
9			
10			
11			
12			
13			

（二）公式推算法

$$L = \frac{c}{4f} - 0.62r \qquad (3-1)$$

在这一公式中，L 为管内净空长度，c 为音速，f 为某音频率，r 为管内径。

以 C 调简易排箫的计算为例，先列表确定要制作的各发音管的管序、唱名、音名、音高频率，然后根据"发音管长度 = 管内净空长度 + 10 mm"计算出各发音管的长度，填入表内，再按数据进行制作。表 3-2 是 C 调排箫发音管相关内容。

表3-2　C调排箫发音管相关内容

音　区	管　序	唱　名	音　名	音高频率	管内净空长度	发音管长度
低音区	1	1	c	131		
	2	2	d	147		
	3	3	e	165		
	4	4	f	175		
	5	5	g	196		
	6	6	a	220		
	7	7	b	247		
中音区	8	1	c1	262		
	9	2	d1	294		
	10	3	e1	330		
	11	4	f1	349		
	12	5	g1	392		
	13	6	a1	440		
高音区	14	7	b1	494		
	15	1	c2	523		
	16	2	d2	587		
	17	3	e2	659		
	18	4	f2	698		
	19	5	g2	784		
	20	6	a2	880		
	21	7	b2	988		

通过上述方法，可以得到所需要的任意调性的简易排箫发音管制作尺寸。然后，再参考前述吸管简易排箫制作方法完成排箫的制作。此外，如有条件，还可以尝试用其他口径的 PPR 管、竹管等易于加工处理的材料来制作简易排箫。

第三节　简易横笛

一、横笛简介

横笛即中国笛，源自古老的骨哨、骨笛，在我国有着悠久的历史，是流传甚广的吹管乐器。因其是天然竹材干透后加工制成，所以也称为"竹笛"。汉代以前，我国的笛主要是竖吹笛，至汉武帝时，张骞通西域后传入横笛，亦称"横吹"。其后，随着民间戏曲、音乐的不断发展，横笛逐步成为独奏或乐队合奏的重要乐器，在我国音乐史上具有重要的地位。[①]

竹笛通常由一根竹管做成，里面去节、中空成通透的内膛，外呈圆柱形头端的内部用笛塞堵塞、密封，尾端通透。笛管身上开有一个吹孔、一个膜孔（需要贴上笛膜）、六个音孔（低音大笛，如大 G、大 A 有七个按音孔）、两个基音孔和两个助音孔。在笛头内部靠近吹孔的位置，有用软木材制成、起密封作用的笛塞。此外，为保护竹材笛身，避免破裂，在笛管外缠有扎线，另在笛身头尾两端镶有用牛骨、牛角、玉石或象牙等装饰的镶头，有的笛子还在尾端系挂线穗吊饰。常见竹笛如图 3-28 所示。

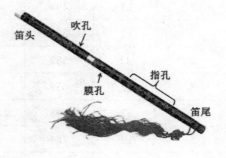

图 3-28　竹笛

① 周菁葆. 丝绸之路与横笛的东渐 [J]. 乐器，2011（11）：57-59.

横笛属于单管边棱气鸣乐器，其发声原理是利用嘴唇将气流吹入吹孔后，被吹孔的内倾斜状边棱切割而产生边棱音，引起笛管内空气振动并带动笛膜振动，再配合管身上不同位置指孔的开合、气流的缓急，在笛管内引起不同的空气柱振动、共鸣，从而发出高低不同的声音。

竹笛品种繁多，使用较为普遍的有曲笛、梆笛。曲笛的笛身粗、长，多为 C、D、降 B 调，音高较低，音色醇厚柔和、清新而圆润；梆笛的笛身则细、短，多为 F、G、A 等调，音色高亢、明亮。

二、PVC 管简易横笛制作

（一）工具与材料

1. 工具

家用剪刀，美工刀，小号圆锉刀，粗砂纸，竹筷，铅笔，直尺。如有手电钻及相应的钻头则更好。

2. 材料

20 型 PVC 管（外径 20 mm，内径 17 mm），长 443.9 mm，废旧橡胶地垫一小块（可用红酒瓶塞、橡皮擦、保温瓶软木塞、废旧拖鞋橡胶底等替代）。

（二）制作步骤

以制作 F 调横笛为例。

1. 画线标绘

参考图 3-29，在长 443.9 mm 的 PVC 管上先用铅笔纵向标画出基线，再依照基线标画出将要挖出的吹孔、膜孔、指孔、基音孔的位置，以及管内放置笛塞的位置。

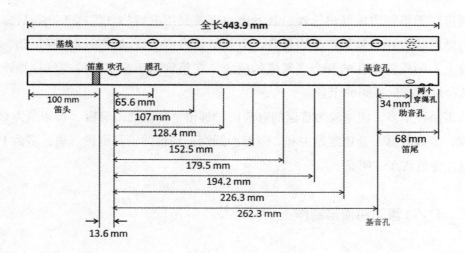

图 3-29 F 调横笛尺寸

（注：各孔略呈椭圆形，平均 8mm×7mm）

2. 打孔

用剪刀或其他适宜的工具，按照已经标绘好的位置，在 PVC 管上钻挖出吹孔、膜孔、指孔、基音孔等孔。此时应注意，各孔略呈椭圆形，平均 6 mm×5 mm，吹孔可稍大一点，膜孔可稍小一点，第三孔、第六孔也可略微小一些。

用美工刀、小号圆锉刀修整各孔。通常笛孔是外小内大、外平内斜，因此制作者要细致地将笛孔修整为由孔的上边缘向管内倾斜的样式，孔内的斜度没有具体的规定，需要根据管径以及管壁的厚度来确定、调整。图 3-30 为笛孔横截面形状。

图 3-30 笛孔横截面形状

3. 制作与安装笛塞

按笛管内径大小，用剪刀将废旧橡胶地垫修剪为直径 18 mm 的圆形（如用保温瓶软木塞，则需要用美工刀仔细地削成小圆柱状），作为笛塞。通常，笛塞的直径应当比 PVC 管的内径稍大一点，以便塞入笛管内时可以更好地起到密封作用。

用竹筷或铅笔从笛头一端（靠近吹孔的那端）将笛塞推移、塞入笛管内，直到笛塞正好到达先前标记的位置（可举起笛管靠近灯光，透过管身观察笛塞在笛管内的位置）。

4. 贴笛膜

用美工刀或小号圆锉刀将膜孔周边 10 mm 打磨粗糙，然后在膜孔周边涂上少许胶水，再剪下一块比膜孔大一些的正方形笛膜，用左右手大拇指和食指捏住笛膜两侧，拉平笛膜后，慢慢地往下按贴在膜孔周边的管身上，再用手指按平整、贴牢。通常，贴好的笛膜在笛孔范围内呈现 4 ～ 7 条垂直于笛管方向的小褶皱，吹奏时音色会更好。

（三）试吹、校音

待笛膜上的胶水干透后，就可以试着吹奏笛子。F 调横笛全按孔轻吹时发出的最低音是 C5，最高音则是 C6，开前三指孔的最低音是 F5，最高音是 F6。如果音偏高或偏低，可将竹筷或铅笔插入笛管内，轻微移动、调整笛塞的位置，直到音准。

如果吹奏时发音比较困难，可以将吹孔稍微扩大一点，将吹孔内的倾斜面多打磨一下，直到能够很容易地发音。此外，还可以把吹口用 PVC 管加厚一层（用 PVC 管给水胶先粘牢再开孔），这样更容易吹响横笛。图 3-31 是吹孔加厚的样子。

图 3-31　吹孔加厚

全按孔筒音为 5 的横笛指法，如图 3-32 所示。

简音作 5 指法

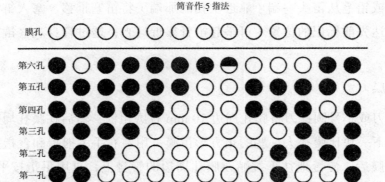

图3-32　横笛指法

三、扩展制作

如需制作其他调的横笛，或者是有其他内径的管材，可参考周林生先生的"和你一起做笛箫"中介绍的方法，并结合武际可先生的方法 [1] 来制作。

（一）定调选材（笛子以前三孔全开定调）

根据管材的内径，确定做什么调的笛子，通常管内径稍大的 PVC 管适合做中、低音笛，稍细的适合做高音笛，具体可参考表 3-3，其中的内径尺寸单位为 mm。

表3-3　不同调笛子管径选择（单位：mm）

调　性	倍低 C	倍低 D	大 E	大 F	大 G	大 A	大 ♭B	C
标准内径	25	24	23	22	21	20	19	18
可选管材	内径 22 mm 的 PVC 管				内径 18 mm 的 PPR 管			
调　性	D	E	F	G	A	♭B	小 C	小 D
标准内径	17	16	15	14	13	12	10.5	10
可选管材	内径 17 mm 的 PVC 管			内径 13 mm 的 PVC 管			内径 10 mm 的 PVC 管	

---

[1]　武际可 . 怎样制作笛子 [J]. 力学与实践，1992（6）：70-71.

如果是做升降调的笛子，其内径可以取相邻两个调的中间数，如 D 调为 17 mm、E 调为 16 mm，那么降 E 调的笛子则为 16.5 mm。

（二）确定基音长度

参照表 3–4，根据所需制作笛子的调，确定其基音长度，即吹孔中心到基音孔中心的长度，单位为 mm。

表3-4　不同调笛子的基音长度（单位：mm）

调　性	倍低 C	倍低 D	大 E	大 F	大 G	大 A	大ᵇB	C
标准内径	25	24	23	22	21	20	19	18
基音长度	765	681	606	571	509	453	427	380
调　性	D	E	F	G	A	ᵇB	小 C	小 D
标准内径	17	16	15	14	13	12	10.5	10
基音长度	338	301	284	253	225	212	189	168

升降调笛同上计算。如果管材内径不是标准数据，则每变化 1 mm，就将表格中对应的基音长度调整 4 mm，即每粗 1 mm 就减 4 mm，每细 1 mm 就加 4 mm。在实际制作中，因气温等因素影响，可能略有误差，制作者应注意适度调整。

（三）计算开孔孔距

用基音长度乘以百分比即是笛管上的开孔孔距，即吹孔中心距各孔中心的距离，具体可参考表 3–5。

表3-5　G调笛子开孔孔距（单位：mm）

孔序号	0 基音孔	1	2	3	4	5	6
音阶名	D	E	#F	G	A	B	C3
百分比	100%	84%	74%	69%	59%	51%	44%
开孔孔距	253.00	212.52	187.22	174.57	149.27	129.03	111.32

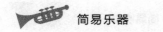

（四）计算其他数据

膜孔至吹孔的距离：$L_m = L_0/4$，即基音长度的 1/4。

笛塞至吹孔的距离：$\lambda = 0.8D$（D 为管内径）。

笛尾长度：通常设为管内径的 4 倍，即 $4D$。

出音孔（助音孔）位置：笛尾长度的一半，即 $2D$。

笛头，即头端至笛塞的距离，根据笛身平衡实际需要来确定。

所需管子的总长度 = 笛头 + λ + 基音长度 + 笛尾

笛子各孔的大小管径如下。

$D=11 \sim 12$ mm 时，$d=5$ mm。

$D=13 \sim 14$ mm 时，$d=6$ mm。

$D=15 \sim 16$ mm 时，$d=7$ mm。

$D \geqslant 17$ mm 时，$d=8$ mm。

（五）最后形成制作图

以 G 调横笛制作为例，将计算出的数据绘制成图（图 3-33），照数据制作即可。

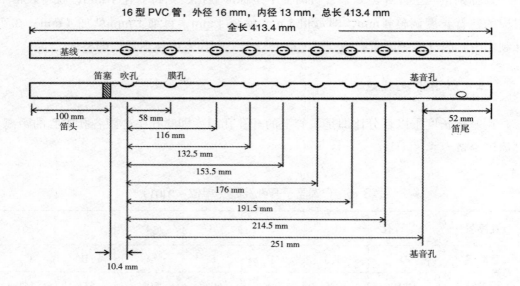

图 3-33　G 调横笛制作图

（注：各孔略呈椭圆形，平均 6 mm × 5 mm）

基音长度按管内径的差异调整了 2 mm，其他数据相应进行调整。制作者可以根据管材内径的不同，用上述方法制作出不同调的横笛。此外，赵松庭先生的《笛艺春秋》中也有制笛数据计算与横笛制作的方法。[①]

第四节　简易洞箫

一、洞箫简介

　　洞箫也称箫，源于远古时期的骨哨、骨笛，历史上亦称为笛，唐代以后才专指竖吹之笛，是我国历史悠久的竹制吹管乐器。传统的六孔箫为细长管状，箫的头端有 U 形或半圆形带内斜口的吹口，管身开有正面五个、背面一个共六个指孔，另在箫的尾端附近开有基音孔、助音孔。近代改良而成的八孔箫与六孔箫基本一致，只是正面要多两个指孔。[②] 图 3-34 为常见的六孔箫和八孔箫。此外，还有为便于携带，而去掉了大部分尾管的短箫，以及专用与古琴合奏的琴箫。

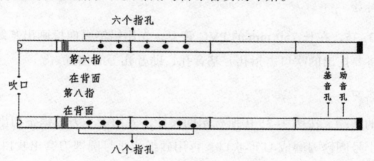

图 3-34　六孔箫与八孔箫

　　箫的发声原理与横笛相同，虽然声音不如横笛那样清亮、透彻，但音色更显圆润、轻柔而醇厚，如鸣咽婉转、如泣如诉，幽静典雅，既适于独奏、重奏，也可与其他乐器如古琴、古筝、二胡等合奏，为历代文人雅士所钟爱，用来寄托情思、抒发胸怀。[③]

---

①　赵松庭. 笛艺春秋 [M]. 杭州：浙江人民出版社，1985：29-48.

②　陈正生. 谈谈（竖）笛、尺八和洞箫 [J]. 乐器，2006（06）：54-55.

③　陈正生. 认识洞箫 [J]. 演艺设备与科技，2005（04）：57-60.

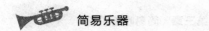

二、PVC 管八孔简易洞箫制作

使用 PVC 管可以制作出简易的洞箫。

（一）工具与材料

以制作 G 调八孔洞箫为例。

1. 工具

家用剪刀，美工刀，锯条、小号圆锉刀，粗砂纸，铅笔，直尺。如有手电钻及相应的钻头则更好。

2. 材料

20 型 PVC 管（外径 20 mm，内径 17 mm），长约 750 mm。

（二）制作步骤

1. 画线标绘

参考图 3-35，在长 750 mm 的 PVC 管上，先用铅笔纵向标画出基线，再依照基线，标画出将要挖出的吹口、指孔、基音孔、助音孔等的位置。[①]

2. 制作吹口

在洞箫的头端，按图 3-35 中所标示的尺寸，先用美工刀或锯条切出 V 形口，然后用砂纸或小号圆锉刀磨成 U 形吹口，再用砂纸或小号圆锉刀磨出吹口处的内斜面，并打磨平滑。此时需要注意，内斜面通常倾斜角度为 45° ～ 60°。

---

① 黄汉练.教你轻松做支箫[J].乐器，2004（6）：24-25.

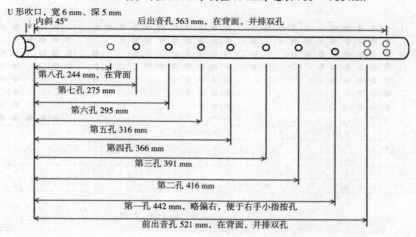

20 型 PVC 管，外径 20 mm，内径 17 mm，总长 700～750 mm

U 形吹口，宽 6 mm、深 5 mm
内斜 45°

后出音孔 563 mm，在背面，并排双孔

第八孔 244 mm，在背面

第七孔 275 mm

第六孔 295 mm

第五孔 316 mm

第四孔 366 mm

第三孔 391 mm

第二孔 416 mm

第一孔 442 mm，略偏右，便于右手小指按孔

前出音孔 521 mm，在背面，并排双孔

图 3-35　PVC 管 G 调八孔洞箫制作尺寸

（注：全部音孔直径 7.5 mm）

3. 管身开孔

按制作尺寸图标注的位置与大小，开挖管身上的各个孔。注意要将管内碎屑清理干净，孔的边缘要修整光滑。

洞箫的孔与横笛的孔相似，都是外小内大，内部边缘应呈现向内倾斜状，这样才能有比较好的发音、共鸣效果。

4. 美化

按个人喜好，可在管身上绘制图案、注记音调、裹缠黑色绝缘胶布条，还可以用红色线绳等做成中国结类型的装饰性饰带，系挂于管身尾部的穿绳孔。

（三）吹奏方法

这支 PVC 管 G 调箫，全按孔轻吹，筒音为 G 调的低音"5"，指法可参考图 3-36 所示。

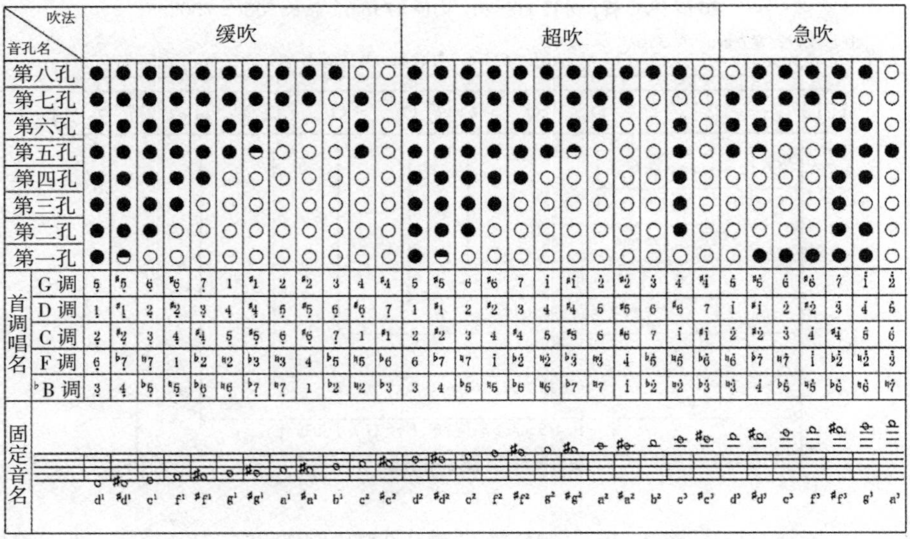

吹法 音孔名	缓吹											超吹											急吹						

图 3-36　八孔洞箫指法 [1]

吹奏时，通常左手在上按住靠近吹口的四个孔（左手大拇指按住背孔）、右手在下按住靠近箫尾的四个孔，箫尾向下使管身向下倾约 45 度，将箫的吹口边缘正对双唇正中央，唇部肌肉自然贴住牙床，同时如微笑状两边嘴角稍稍收缩，双唇中央呈椭圆形风门，舌头呈自然状态，口腔稍有扩张，上唇略微向前，下唇贴住吹孔内侧的边缘，盖住吹孔约四分之一处，将气流汇成空气柱，以发"嘘"字音的嘴形来吹奏。如吹低音时风门可稍放大、口风放缓，口劲较小，高音时则相反。

三、PPR 管八孔简易洞箫制作

使用 PVC 管制作洞箫，因其管壁较薄，使得音色略显单薄。如有条件，则可以换用管壁较厚的 PPR 管等材料，以此制作音色更加醇厚的洞箫。以制作 G 调八孔洞箫为例，所用管材为 PPR 管，外径 25 mm，内径 18 mm。图 3-37 为 PPR 管 G 调八孔洞箫制作尺寸。

---

[1]　王次恒.箫演奏：入门与提高实用教程[M].北京：中国戏剧出版社，2000：5.

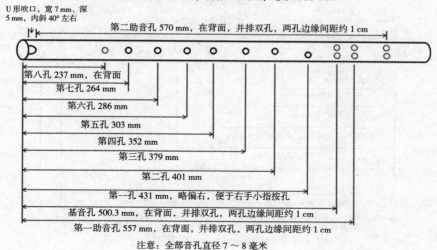

PPR 管，外径 25 mm，内径 18 mm，总长 800 mm

U 形吹口，宽 7 mm、深 5 mm，内斜 40°左右

第二助音孔 570 mm，在背面，并排双孔，两孔边缘间距约 1 cm

第八孔 237 mm，在背面

第七孔 264 mm

第六孔 286 mm

第五孔 303 mm

第四孔 352 mm

第三孔 379 mm

第二孔 401 mm

第一孔 431 mm，略偏右，便于右手小指按孔

基音孔 500.3 mm，在背面，并排双孔，两孔边缘间距约 1 cm

第一助音孔 557 mm，在背面，并排双孔，两孔边缘间距约 1 cm

注意：全部音孔直径 7～8 毫米

图 3-37　PPR 管 G 调八孔洞箫制作尺寸

（注：全部音孔直径 7～8 mm）

具体制作方法与前述一样，但因为 PPR 管较厚，用刀具开孔以及孔的修整难度要比 PVC 管稍大点。因此，如有条件，可以考虑用电烙铁等工具来辅助开孔。

吹奏者在吹奏时可参考前述 PVC 管 G 调八孔洞箫的吹奏方法。PPR 管制作的洞箫因管壁较厚，吹口处的斜面边棱的切音效果较好，比 PVC 管制作的洞箫更容易吹响，音色也更醇厚。

四、六孔短箫制作

由于八孔洞箫比较长，携带不太方便。因此，制作者可以参考制作横笛的方法，结合洞箫的特点，用 PVC 管或 PPR 管制作六孔短箫。图 3-38 和图 3-39 为 PVC 管和 PPR 管六孔洞箫的制作尺寸。

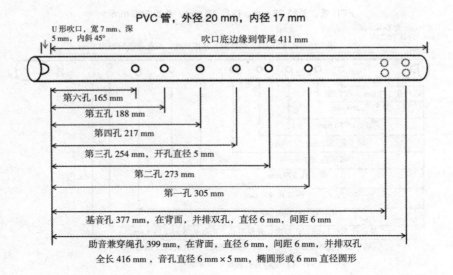

图 3-38　PVC 管 C 调六孔短箫制作尺寸

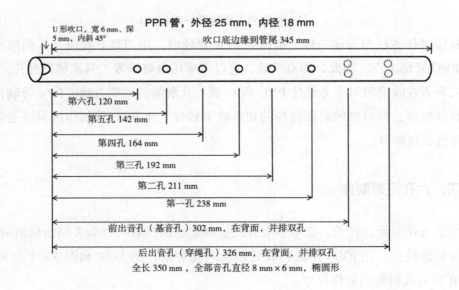

图 3-39　PPR 管 D 调六孔短箫制作尺寸

此两种六孔短箫，六个指孔均在管身的正面，演奏指法与横笛指法一样。

五、扩展制作

如果有其他管内径的管材，或者是想制作其他调性的箫，可以参考陈正生先生的方法来计算开孔位置。[1]

（一）管材选择

通常，用于制作洞箫的管材，内径以 14 ～ 18 mm 为宜，内径小的音色清亮，内径大的音色浑厚。

（二）开吹口

以选定的管材一端作为洞箫的头端，先锯切出 V 形缺口，再磨成 U 形或半圆形并磨出内斜坡面。开口的大小，通常宽度大约为管内径的一半，吹口的深度是宽度的一半。比如内径 18 mm 的管材，吹口一般宽 8 ～ 9 mm，深 4.5 ～ 5 mm，吹口内沿的斜度为 45° ～ 60°。

（三）确定基音长度

洞箫的基音长度即指吹口内边缘至基音孔中心的距离。

1. 确定助音孔位置

用如下公式可计算出助音孔的位置：

$$L = C/2f - K$$

其中，L 是从吹孔至助音孔的长度，C 是声波速度（取 330450 毫米每秒），f 为助音孔发音的频率（比基音即洞箫的筒音小二度，如基音为 C，则助音孔应为 B，即相差一个半音），K 为管口校正量（即洞箫的吹口端和尾端校正量之和，$K = 3.8$-$4.5d$，d 为吹口端的内径）。

2. 确定基音孔位置

确定助音孔位置后，用下列公式可计算出基音孔的位置：

$$基音长度 = 助音长度 \div 1.067$$

在实际制作时，因气温等因素，可能略有误差。因此，建议在计算、确定助音孔位置后，先于管上标注、开小孔，并试着吹奏，借助校音软件，检查音高是否有误差。如音偏高，则向洞箫的尾端方向扩挖助音孔，反之则向头端方向扩挖助音孔。之后，再来计算基音孔位置。

---

[1] 陈正生.箫笛制作工艺述评[J].黄钟：武汉音乐学院学报，1991（3）：40-43，35.

（四）计算指孔位置

借助前述计算所得到的基音长度，分别乘以一定百分比，就可以得到各个指孔距离吹口边缘的位置，具体如表 3-6 所示。

表3-6　洞箫指孔的开孔比例

孔　序	第一孔	第二孔	第三孔	第四孔	第五孔	第六孔	第七孔	第八孔
比例（%）	85.8	79.9	75	71	62.3	56.52	53.25	47.9

（五）开孔

按照前述计算结果，在管身上标注好各个孔的位置，开挖出各孔（孔径大小可参考横笛），并修整圆滑。此时需要注意，第一孔可以稍向右偏一个孔距，以方便右手小指按孔。此外，在助音孔之下，向着洞箫尾的方向，按助音孔与基音孔的间距，再开挖一对第二助音孔（穿绳孔），这对高八度音的音准有很大影响。

至于洞箫尾的长度，可根据所制洞箫的总长度来决定，通常八孔洞箫不宜超过 800 mm，六孔短箫不超过 500 mm。

如果不开挖第二、第六孔，第三、第七孔要向吹口方向移动约 2 mm，这样即可制作出六孔短箫。

第五节　简易尺八

一、尺八简介

尺八是中国古老的吹奏乐器，属于洞箫的变种，以管长一尺八寸而得名。尺八为隋唐时期宫廷的主要乐器之一，后传入日本并得到广泛流传。

尺八在形制上与洞箫相仿，为带竹根的竹材制作的单管乐器，中通无底，头端有外切半月形的歌口，即吹口（不同于洞箫的内斜向切口），管身上开有五至七个指孔（现代尺八主要为前四后一的五孔，也有六孔、七孔以至九孔的尺八）。通常尺八的管头稍细小，管尾则逐渐变粗大。常见五孔尺八如图 3-40 所示。

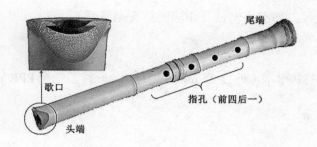

图 3-40　五孔尺八

与洞箫一样，尺八也属于边棱振动气鸣吹管乐器，其音色可脆如银铃，也可细腻如丝。特别是其独特的虚按孔、沉浮技巧（通过抬头、低头，使气流角度发生改变，从而带来音高和音色的特殊变化），使尺八的演奏呈现出古朴苍凉、空灵而恬静的禅意。

通常，制作尺八需要选择较粗、竹纤维紧密、内壁较厚、必须带根部的桂竹（日本称真竹）。因歌口必须在竹节上，管身上的各个指孔必须在距离竹节特定距离的位置上，因此，往往一片竹林中仅有一两根竹子适合制作尺八。同时，合适的竹材挖掘之后，还必须经过一定处理，至少存放三年以上才可用于制作尺八。此外，特殊形状的内壁处理也是制作的难点。从演奏技术上看，尺八由于只有五个孔，使有部分音必须配合按半孔、虚按孔、沉浮等技巧，才能正确地吹奏发音，形成音乐旋律，这就使尺八的演奏学习具有一定的难度。

正是由于选材、制作、演奏技术等方面的影响，尺八没有得到很好的推广。在我国宋代以后，尺八逐渐被横笛、箫取代，只有福建"南音"所用的南箫中继承了尺八的部分特点。

二、PPR 管简易尺八制作

使用合适的 PPR 管可以制作出简易的尺八，并能吹奏出音乐旋律。

（一）工具与材料

以制作仿宋代的 D 调尺八为例。

1. 工具

家用剪刀，雕刻刀，美工刀，小铁锤，小号圆锉刀，粗砂纸，小手锯或锯条，

铅笔，电吹风，直尺。如有手电钻及相应的钻头则更好。

2. 材料

长约 543 mm 的 PPR 管（外径 25 mm，内径 18 mm），一个 PPR 管专用直通接头。

（二）制作步骤

1. 制作头端与歌口

（1）处理主管。将长约 543mm 的 PPR 管一端作为头端，用刀等合适的工具将其头端边缘切割、锉磨出一个角度，以利于接头的安装，如图 3-41 所示。

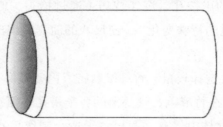

图 3-41　主管头端边缘处理

（2）处理直通接头。用雕刻刀或其他合适的工具将 PPR 管专用直通接头内部中间的凸起部分削掉，要注意修干净、光滑。

（3）嵌合主管与直通接头。用开水将 PPR 管专用直通接头烫热后（很烫手便可，不可加热过度；也可以用电吹风的热风将接头吹热至烫手），将其直立于地上，然后将主管头端锉磨好边缘的端头垂直对准，插入 PPR 管专用直通接头，并用小铁锤敲击 PPR 管尾端，将 PPR 管头端插入直通接头，直到两者的端头完全平齐。

图 3-42 为主管和直通接头嵌合好的样子。

图 3-42　嵌合主管与直通接头

（4）制作歌口。参考图3-43所示尺寸，用小手锯将嵌合好的头端锯切成相应的形状，并用小号圆锉刀、砂纸进一步打磨光滑。此外，还要用雕刻刀或美工刀将歌口内沿削薄、修圆，形成宽18 mm的歌口（歌口处应当是一个直径19 mm的圆弧）。

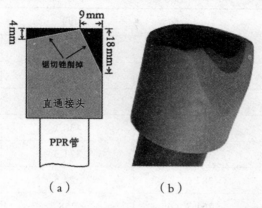

（a）　　　　　（b）

图3-43　制作歌口

2. 开孔

从歌口最高点开始算，231 mm处为第五孔中心，至266 mm为第四孔中心，至326 mm为第三孔中心，至375 mm为第二孔中心，至428 mm为第一孔中心。各孔的直径，除了第三孔为10 mm，其余都为10.5 mm。按照上述数据，在主管上标注好，再钻挖出相应的指孔，并将各孔的边缘修整光滑，如此就制作好尺八了。图3-44为D调尺八制作尺寸。

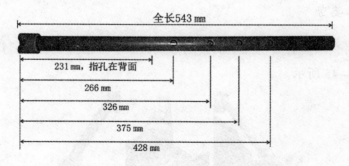

图3-44　D调尺八制作尺寸

三、仿唐六孔简易尺八制作

同样使用PPR管（外径25 mm，内径18 mm）以及相应的专用直通接头，应用

简易乐器

上述制作方法，参考表 3-7 数据，可以制作出仿唐代的六孔简易尺八。

表3-7　仿唐六孔简易尺八的开孔尺寸（单位：mm）

孔　序	调		
	G	F	E
第一孔	453.3	515.3	549.5
第二孔	403.1	458.5	489
第三孔	378	430.1	458.7
第四孔	325.1	371.3	396.7
第五孔	283.6	324.5	347.2
第六孔	251.7	288	308.1

仿唐六孔简易尺八的指孔均为 9 mm，前五后一。此外，如果要制作八孔尺八，则可在六孔尺八的基础上，于第一孔和第二孔之间、第四孔和第五孔之间各开一个孔。

四、吹奏方法

（一）基本姿势

吹奏尺八时，吹奏者要仿照吹洞箫的方式，双手手指持夹管身，并以下巴承接。具体姿势如图 3-45 所示。

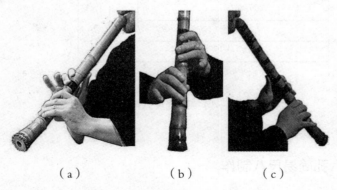

（a）　　　　　　　（b）　　　　　　　（c）

图 3-45　尺八吹奏姿势

（二）口型

尺八的吹奏，主要依靠上下唇交界处稍微靠里边的部分内唇来作为风门。通常是双唇自然闭合，双唇中央对准歌口，从口腔内向外呼出轻弱而细小的气流，利用气流将嘴唇轻推开，同时双唇略微带有自然外翻的动作，如同用一个轻薄的空气板，从内向外轻轻顶开嘴唇一样，这样尺八才能吹出声音。图3-46为尺八吹奏基本口型。

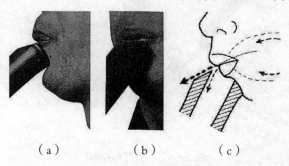

（a）　　　　　（b）　　　　　（c）

图3-46　尺八吹奏基本口型

（三）音阶指法

尺八全按孔吹奏出的筒音为D，开第一孔为F，开第一孔、第二孔为G，开第一孔、第二孔、第三孔为A，开第三孔、第四孔为C，只闭第一孔为d。吹奏者配合按半孔、沉浮等技巧，还可以吹奏出更多的音。

第六节　简易葫芦丝

一、葫芦丝简介

葫芦丝，又称"葫芦箫"，源自我国先秦时期的葫芦笙，主要流行于傣、阿昌、佤、德昂和布朗等族聚居的云南省德宏、临沧等地区。

葫芦丝由一个完整的天然葫芦、三根竹管和三枚金属簧片构成。其中，葫芦口作为吹口，整个葫芦作为气室，葫芦底部插进三根粗细不同的竹管，每根竹管靠近头端处镶有一枚铜质或银质簧片；主管正面开有六个指孔、背面开着一个指孔，两旁不开音孔只设簧片的附管，只能发出与主管共鸣的和声。通常左面附管发"3"音，

右边附管不发音或发低音"6"（图3-47）。

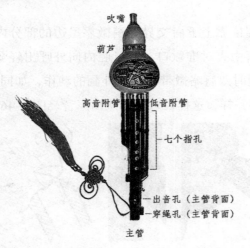

图3-47 葫芦丝结构

　　葫芦丝属于簧管耦合振动类乐器，是依靠气流冲击主管上的金属簧片，使其振动，并在管身腔体内形成空气柱，使其振动，配合管身上不同指孔的开合，从而发出高低不同的声音。按主管尺寸、簧片等的不同，葫芦丝可分为高音、中音、低音三种类型，常用的有D、E、F、G、A、B等调。[①] 葫芦丝音色甜美、轻柔细腻、饱满质朴，常用于吹奏山歌、农曲等民间曲调。

二、简易葫芦丝制作

（一）工具与材料

1. 工具

家用剪刀，美工刀，小手锯或锯条，小号圆锉刀，竹筷，铅笔，直尺。如有手电钻及相应的钻头则更好。

2. 材料

PPR四分管（外径20 mm，内径12 mm），长310 mm，保温瓶的软木塞一个（可

---

① 欧阳平方，张应华.基于乐器声学视角的葫芦丝研究[J].内蒙古大学艺术学院学报,2013,10(3):84-89.

用红酒塞、橡皮擦、小块橡胶垫、废旧拖鞋橡胶底等替代），带吸嘴的矿泉水空瓶一个（带吸嘴的饮料瓶亦可），网购的葫芦丝 C 调簧片一枚，细竹牙签一根，电工用的防水绝缘胶带若干。

　　本例为 C 调简易葫芦丝，由一个替代葫芦的矿泉水瓶和一根主管组成，无附管。矿泉水瓶上端的吸嘴作为吹嘴，下底端插着主管，主管正面有六个指孔，背面上端是第七指孔，下端有一个基音孔和两个穿绳孔。主管顶端附近装有金属簧片，头端内装有起密封作用的塞子。成品如图 3-48 所示。

图 3-48　C 调简易葫芦丝

（二）制作主管

　　参考图 3-49 所示的实测数据与样式，在长 310 mm 的 PPR 四分管上，以管身上的红线为基准，标绘出簧片窗、指孔、基音孔、穿绳孔的位置。然后用美工刀、家用剪刀等工具挖切出矩形的簧片窗，以及圆形的指孔、基音孔、穿绳孔。

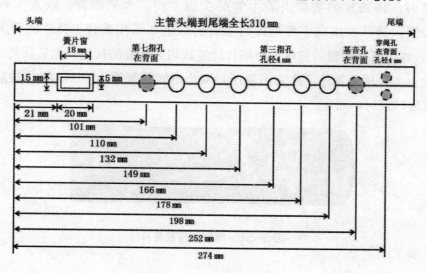

图 3-49　主管尺寸

（注：除第三指孔与穿绳孔外，其他各孔的孔径为 5 mm）

在开挖簧片窗时，具体形态可参考图 3-50。

图 3-50　簧片窗

在具体制作时，制作者可先用小手锯或锯条在主管头端附近按标注的簧片窗位置纵向锯出多条平行的线槽，这时要注意控制好锯切的深度，以刚好切穿 PPR 管壁为宜；然后使用美工刀，仔细地切掉簧片窗位置范围内多余的部分，等大致修削平整后，再换用小号圆锉刀将簧片窗底部锉磨得更平整，并保证在簧片窗底部中间修切出一个纵向的细长矩形窗孔（比簧片的簧舌稍大、稍长一点即可）。

（三）安装簧片

准备的 C 调葫芦丝簧片，如果是单片的，其通常为长 20 mm、宽 7 mm 的矩形；如果尺寸稍大，或者是连片的，则可以用剪刀裁剪为与簧片窗相适应的尺寸，以便于安装。

安装时，将簧片的簧尖向着主管的头端方向，水平放置、嵌入主管的簧片窗中央位置，簧片的纵向中线最好与主管的红色基线相重合（簧片的舌尖距头端 25 mm）。再按照簧片窗的长度，将细竹牙签裁切为相应的长度，然后从簧片长边的两侧压放上去，压紧簧片，注意不要压到簧片中间的簧舌（图 3-51）。最后在簧片边缘涂胶加以密封、固定。

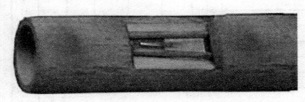

图 3-51　用牙签压紧簧片

（四）安装塞子及校音

将软木塞按主管内径裁切为一个高 10 mm、直径 13 mm 的小圆柱，然后从主管的头端平推塞子进入主管，大约至簧片窗边缘即可。

此时，制作者可以将主管的全部吹孔按演奏方法按住，把主管打横放到嘴边，再用嘴完全包含住簧片窗，试吹、校音，主要是校准塞子的位置，可配合从网上下载的校音软件进行。如果吹出的音低了，就用竹筷或铅笔将塞子往内推移，反之则往主管头端退，直到发音校准。

（五）加工"葫芦"

将带吸嘴的矿泉水空瓶的瓶盖整体取下，用美工刀从内侧将瓶盖内正中央半透明的软橡胶皮挖掉后，将瓶盖重新盖好。用美工刀、家用剪刀等工具在瓶底正中间挖出一个直径为 20 mm 的孔洞，注意要尽可能修平整，边缘要光滑。如有条件，可以选用直径适宜的电动开孔器来辅助开孔。

（六）组装

把装好簧片、塞子的主管从加工好的矿泉水空瓶底部孔洞插入，只要簧片窗进入瓶内即可。然后用电工用的防水绝缘胶带将主管与瓶底孔洞的接合处封贴、粘牢。按个人喜好，可在主管尾端系挂上红线绳、中国结等作为挂饰。至此即完成制作，打开瓶盖上的活动盖就可以吹奏，不用时则将盖子合上。

三、葫芦丝的吹奏

吹奏者吹奏时，双手持葫芦丝于身体正前方中心线，葫芦丝主管与身体呈 45° 角；右手无名指、中指、食指用第一节指肚分别开闭第一、第二、第三音孔，大拇指托于主管下方（在第三、第四音孔之间）；左手无名指、中指、食指用第一节指肚分别开闭第四、第五、第六音孔，大拇指按住主管背面的第七音孔；左右手小指放在主管侧边。吹奏者吹奏时上下嘴唇自然合拢，用嘴唇中央含住"吹嘴"并向其内呼出气流，即可发声。吹奏者吹奏时应注意，双唇肌和两边嘴角应适当收缩，两腮不可鼓起，否则将会影响自己对肌肉的控制。葫芦丝指法可参考图 3-52。

发 音	头端	指　　法	尾端	气　流
$\overset{\cdot}{3}$		● ● ● ● ● ● ●		气流最缓
$\overset{\cdot}{5}$		● ● ● ● ● ● ●		气流加急
$\overset{\cdot}{6}$		● ● ● ● ● ● ○		气流较急
$\overset{\cdot}{7}$		● ● ● ● ● ○ ○		气流较急
1		● ● ● ● ○ ○ ○		气流适中
2		● ● ● ○ ○ ○ ○		气流适中
3		● ● ○ ○ ○ ○ ○		气流适中
4		● ○ ● ● ● ● ● ● ● ● ● ● ● ●		气流较缓
5		● ○ ○ ○ ○ ○ ○		气流较缓
6		○ ○ ○ ○ ○ ○ ○		气流更缓

图 3-52　葫芦丝指法

（注："●"表示闭孔，"○"表示开孔）

四、扩展制作

如果想要制作其他调的葫芦丝，除了更换相应调的簧片，主要是改变主管的尺寸及开孔的位置与尺寸。具体可参考下列如图 3-53 至图 3-55 所示数据来制作。

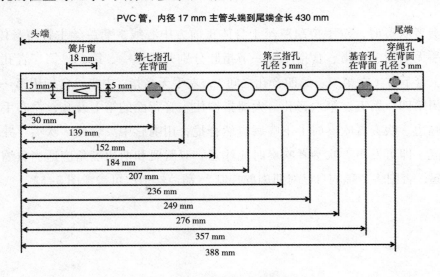

图 3-53　F 调葫芦丝主管尺寸

（注：除第三指孔与穿绳孔外，其他各孔的孔径均为 6 mm）

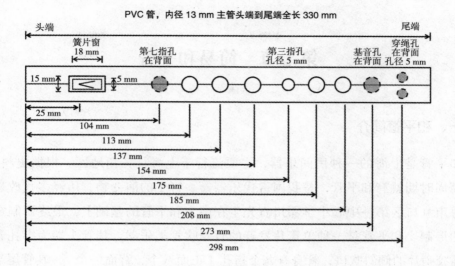

图 3-54　降 B 调葫芦丝主管尺寸

（注：除第三指孔与穿绳孔外，其他各孔的孔径均为 6 mm）

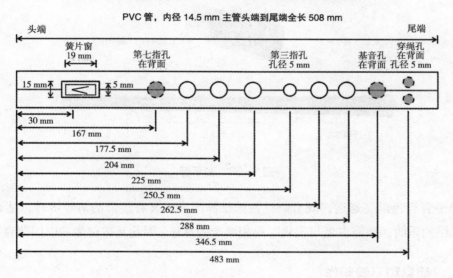

图 3-55　G 调葫芦丝主管尺寸

（注：除第三指孔与穿绳孔外，其他各孔的孔径均为 6.5 mm）

　　以上数据均为实测所得，可能略有误差。在具体制作时，制作者要根据所用管材的内径大小适当调整开孔的位置。

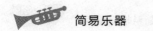

簡易乐器

第七节　简易和平管

一、和平管简介

　　和平管是上海的一种民间乐器，主要流行于上海长三角地区。根据史料记载，早在商周时期就有和平管，是我国古代乐器箫、管子的演变物，历经多代改进，后由上海市虹口区第一中心小学邓川石先生在南宋和平管的基础上，最终研制定型为现代的形制。和平管是一种单簧片发音的竹制吹管类乐器，其管头端为绑扎着长椭圆形塑胶哨片的倾斜吹口，管身有九个指孔（正面八个，背面一个），其管尾端背面另有三个助音调音孔（有的位于左侧背面），是我国比较少见的单簧类民间吹管乐器。常见和平管如图 3-56 所示。

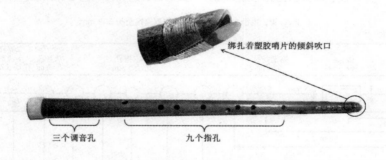

图 3-56　和平管

　　和平管音色洪亮通透，既有萨克斯的雄浑圆润，又有笛箫的清雅婉转，适合演奏各种风格的乐曲，颇有古老与现代时尚相结合的意味，因此又被称为"中国萨克斯"。

二、简易和平管制作

以制作降 B 调简易和平管为例。

（一）工具与材料

1. 工具

家用剪刀，美工刀，小号圆锉刀，平锉刀，铅笔，直尺。如有手电钻及相应的钻头则更好。

2. 材料

长550 mm的PPR管（外径20 mm，内径15 mm），废旧照片底片或X射线片（需用开水浸泡至少半小时，砂磨脱色以后才可使用），稍粗的钓鱼线或塑料胶线若干。

（二）初制管身

参考图3-57，将准备好的PPR管一端作为头端，锯切出带尖角的形状，然后用锉刀将尖端锉磨圆滑，呈斜向的长椭圆形，作为和平管的吹口端。

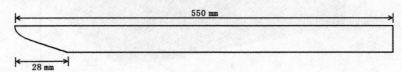

图 3-57　降 B 调简易和平管主管

（三）标注开孔

参考图3-58，在初制好的管身上先标注好将要开孔的位置，然后用适宜的工具钻挖出各孔，并砂磨修整光滑。

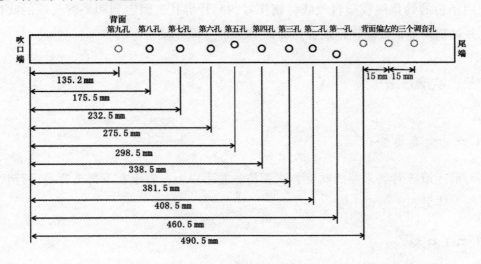

图 3-58　降 B 调简易和平管开孔尺寸

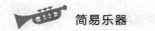

（四）制作哨片

将预先用水浸泡、砂磨好的废旧照片底片或 X 射线片（或者其他厚度约 0.25 mm 的塑胶片）按照吹口端的形状进行修剪（如图 3-59 所示）。图中 G ～ E 区域是需要砂磨变薄的范围。

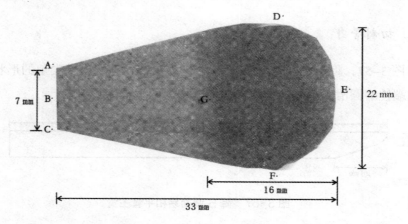

图 3-59　降 B 调简易和平管哨片尺寸

（五）组装哨片

用稍粗的钓鱼线或塑料胶线将制作好的哨片绑扎、固定到和平管头端的吹口位置，并试吹调整，以能轻松发音为准。

三、吹奏方法

（一）吹奏姿势

与前述箫等管类乐器的吹奏方式相仿，左手在上、右手在下持夹管身进行吹奏，管身与人体呈 50° ～ 60° 角。

（二）口型

和平管采用"单包法"进行吹奏，即下唇包下牙，贴于簧片大约 1/3 处；上唇挨牙齿，上齿位于管口顶端，上下唇合拢，从内向外呼出气流。

（三）指法

本例的降 B 调简易和平管，全按孔筒音为低音 F，从最下边一孔开始，逐次放开，则可依次吹奏出从 G 到 a 音。如果调整呼出气流的强弱，则还可以吹出其他八度的音。

第八节　简易筚篥

一、筚篥简介

筚篥也称悲篥、笳管，属于双簧竖吹气鸣乐器，源自古代龟兹，后传入中原地区并逐步演化成为我国传统吹管乐器，现通称管子。筚篥音量大，音色或高亢清脆，或哀婉悲凉，质感鲜明，富有感染力，欢快、哀伤的情绪都可以表达，常用于河北吹歌、山西八大套、西安鼓乐、辽南鼓乐等民间音乐中。在形制上，筚篥由管哨、侵子和圆柱形管身三部分组成，管身多为木质，有八个指孔（正面七个，背面一个），管口插有芦苇制哨子。[①] 常见筚篥如图 3-60 所示。

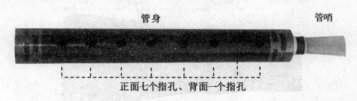

管身　　　　　　　　　　管哨

正面七个指孔、背面一个指孔

图 3-60　筚篥

二、简易筚篥制作

以制作 F 调简易筚篥为例。

---

① 闫艳 . "筚篥"源流考辨 [J]. 首都师范大学学报（社会科学版），2019（6）：155-171.

简易乐器

（一）工具与材料

1.工具

家用剪刀，热熔胶枪与胶棒，雪糕片或相似的小薄木片，矿泉水瓶盖或硬塑料片、硬纸板，铅笔，直尺。如有手电钻及相应的钻头则更好。

2.材料

长 305 mm 的 PVC 管（外径 20 mm，内径 18 mm），稍硬的奶茶吸管，直径 0.5 ～ 1 mm 的细铜丝或细铁丝若干。

（二）制作步骤

1.制作哨子

取一根稍硬的奶茶吸管，剪取 50 mm，用两片雪糕片或小薄木片夹住其中间点位置并用细线绑住固定，然后放入沸水中浸泡或用开水煮 10 分钟，取出放入冷水冷却后，可得一端为圆柱形、另一端呈扁平倒梯形状的哨子。再用细铜丝把圆柱端的中部位置紧密缠绕数圈，以强化固形。哨子成品如图 3-61 所示。

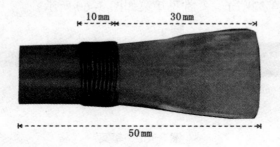

图 3-61　简易哨子

2.制作管身

参考图 3-62，在选择好的 PVC 管身上做好开孔位置的标注（孔径 6 ～ 8 mm），然后用适宜的工具钻挖出指孔，并砂磨修整光滑。

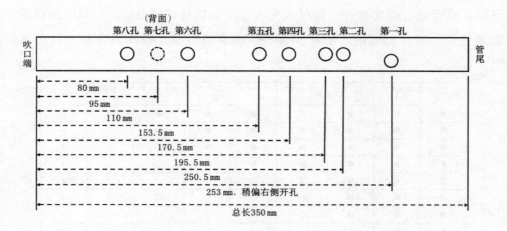

图 3-62 管身开孔尺寸参考

3.管身安装哨子

用剪刀将矿泉水瓶盖或硬塑料片、硬纸板等修剪成与 PVC 管外径相适宜的圆片状，中间剪出一个与哨子圆口一样的圆孔，然后把哨子的圆口对准这个圆孔垂直插入，再用热熔胶将接口处密封、粘牢。管身安装哨子如图 3-63 所示。

图 3-63 管身安装哨子

等热熔胶稍干后，将带有哨子的圆片与管身的吹口端拼接起来，并用热熔胶将接口处密封、粘牢，防止漏气。对管身稍加美化，即可完成制作。

三、吹奏方法

与前述箫等管类乐器的吹奏方式相仿，吹奏者左手在上、右手在下持夹管身进行吹奏，管身与人体呈 50° ～ 60° 角。吹奏者用筚篥吹奏时，哨口应稍微打开，哨片不可含太多，双唇也不能太用力，根据口腔送出气流的强弱以及口含哨片的深浅来控制音高。

参考图 3-64 的指法，●为按住指孔，○为放开指孔。其全按孔筒音为"5"，从管尾端一孔开始，逐次放开，则可依次吹奏出从低音"5"到高音"1"的音阶。此时需要注意，吹奏低音时，哨片少含些，吹奏高音时，哨片多含些，且送气量应加强。

左手食指第八孔	左手大指第七孔	左手中指第六孔	左手无名指第五孔	右手食指第四孔	右手中指第三孔	右手无名指第二孔	右手小指第一孔	音高
●	●	●	●	●	●	●	●	5̣
●	●	●	●	●	●	●	○	6̣
●	●	●	●	●	●	○	○	7̣
●	●	●	●	●	○	○	○	1
●	●	●	●	○	○	○	○	2
●	●	●	●	○	●	○	○	3
●	●	●	○	○	●	○	○	4
●	●	●	○	○	○	○	○	5
●	○	○	○	○	○	○	○	6
○	○	○	○	○	○	○	○	7
○	○	○	○	○	○	○	○	i

图 3-64　筚篥指法参考 [①]

四、扩展制作

如果换用其他内径的 PPR 管或竹管（以管壁稍厚为宜），借助我国传统的三分损益法，推算出指孔的开孔尺寸，还可以制作出其他调的筚篥。

---

① 胡海泉 . 管子双管演奏教程 [M]. 长春：吉林音像出版社，2003：23.

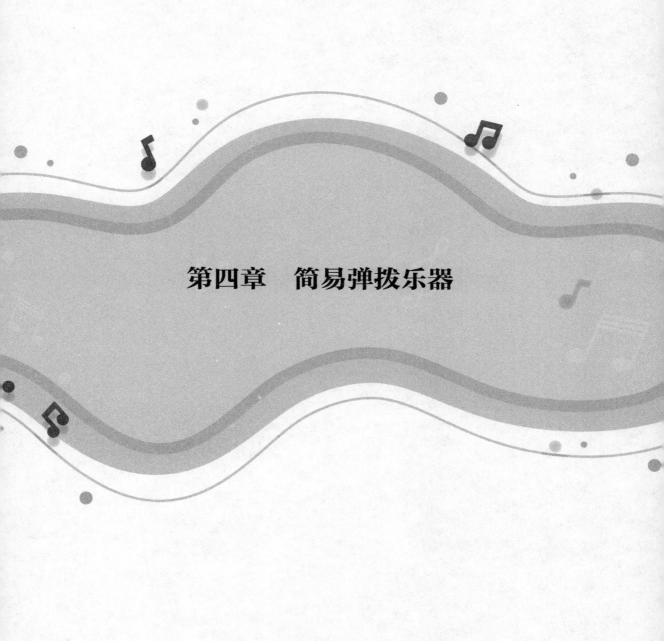

第四章　简易弹拨乐器

　　通常所说的弹拨乐器，是用手指或拨子等拨动琴弦而发音的乐器总称。其发展历史悠久，无论是国内还是国外，种类都很多，是乐器大家族中富有特色的一大类乐器。按演奏时的形态，弹拨乐器可分为横式、竖式两大类。横式如吉他、尤克里里、筝、古琴等，竖式如里拉琴、琵琶、月琴等。

　　从发音原理来看，弹拨乐器属于弦鸣乐器，依靠绷紧的琴弦短暂受力后产生振动发出声音，琴弦不同的拉紧程度能产生高低不同的音，不同粗细的琴弦也会导致音的高低不同。此外，还可采用手指按弦这一方式来改变琴弦的弦长，从而产生不同的音高，形成音阶。

　　由于琴弦本身振动产生的声音音量通常较小，因此需要将体积与形状相适宜的琴箱作为共鸣箱，以放大音量，美化音色。合理利用 PVC 管、木条木块以及各种商品包装盒等废旧材料，加上粗细适宜而结实的尼龙线绳、钓鱼线，或者购置便宜的专用琴弦等配件，可以制作能够演奏音乐旋律的简易弹拨类乐器，如简易吉他、古琴等。

第一节　简易单弦琴

一、单弦琴简介

　　单弦琴又称独弦琴、独弦珍、独弦匏琴等，是京族古老的民间竹制乐器。单弦琴流行于我国广西壮族自治区防城地区，在南亚、东南亚各国民间也较盛行。

　　从形制上看，单弦琴以竹制居多，由琴体、摇杆、弦轴及挑棒等部件构成，全长为 110 cm 左右。其主要是以直径 12 cm 的大半边毛竹作琴体，头高约 6.5 cm、宽约 8 cm，尾高 8 cm、宽约 12 cm，面微拱，弦轴均为木制，从琴尾侧面插入琴体；摇杆用竹或牛角制，长约 40 cm，竖插于头部，杆上装小葫芦以扩大音量；由弦轴至摇杆张丝弦或金属弦一根，有效弦长 90 cm，定弦多为大字组的 A 至小字组的 C；挑棒竹制，长约 15 cm，宽约 0.5 cm，拨弦一端稍尖。常见单弦琴如图 4-1 所示。

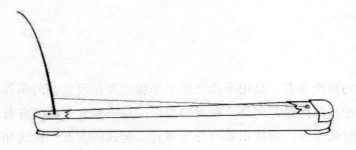

图 4-1　单弦琴

单弦琴属于弦鸣乐器，泛音丰富而优美、柔和，音量出色。其发音与京族民歌音调较为相似，装饰音富有吟唱般的韵味，既可独奏，也可成为伴奏乐器，还能参加重奏或合奏。

二、简易单弦琴制作

参考单弦琴实际的形制，用较简单的方法，就可以制作出简易单弦琴。

简易单弦琴是由作为发音体的吉他弦（或较结实的细尼龙线绳、钓鱼线等）、绷紧固定琴弦的琴杆（含琴杆头端固定的调弦轴、琴杆尾端的压弦螺丝钉）、作为发音共鸣体的琴箱、夹压在琴箱体与琴弦之间起着传音作用的琴码等部件构成。成品如图 4-2 所示。

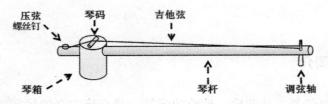

图 4-2　简易单弦琴

单弦琴的发音原理是拨动吉他弦，使琴弦振动发出声音，并通过琴码将振动传递给琴箱，引起共鸣、放大音量。如果在琴码与调弦轴之间按住吉他弦不同的位置并拨动吉他弦，则能够振动的有效琴弦的长度会发生改变，从而产生不同的声音；吉他弦的粗细不同，发出的声音也不同。

（一）工具与材料

1. 工具

家用剪刀，美工刀，螺丝刀，小手锯，铅笔，直尺。

2. 材料

空茶叶桶一个（可用奶粉桶、大号奶茶杯、大号方便面桶等替代）；50 型 PVC 管（直径 50 mm）约 1000 mm（可用修整光滑且不易弯曲变形的木板条、竹竿等替代）；任意吉他弦一根（可用稍粗的渔线等较结实、光滑的细线绳替代）；木棍一小节，长约 140 mm，直径约 20 mm（可用相似尺寸的小木块替代）；AB 胶，电工用的防水绝缘胶带若干；小螺丝钉一颗。

（二）制作步骤

1. 制作琴杆

参考图 4-3，在长 1000 mm 的 50 型 PVC 管上标绘出纵向基线、上弦轴孔（直径 8 mm）、下弦轴孔（直径 15 mm）、压弦孔的位置，用美工刀、家用剪刀等钻出上、下弦轴孔。此处需要注意：上、下弦轴孔在 PVC 管身上的位置是对称的，用于插入调弦轴。压弦孔可钻出直径为 2 mm 左右的小孔，以便于上螺丝钉。

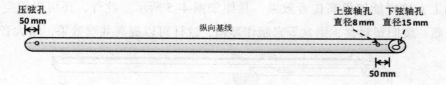

图 4-3 单弦琴琴杆

2. 制作琴箱

将空茶叶桶的盖子取掉，在靠近底板的侧面，紧贴着底板，左右对称地钻出两个直径为 50 mm 的圆孔，用于插入琴杆。如有其他大一点的废旧物品，如塑料盆、铝盆等，也可以用来作为琴箱，这样可以获得更好的扩音共鸣效果。

3. 制作调弦轴

参考图 4-4，将扫帚木把削切为细长的圆柱状。如有条件，可以购买一个较便宜

的通用型吉他调弦钮，安装在上弦轴孔位置，来替代调弦轴，这样后期紧弦调音会更方便。

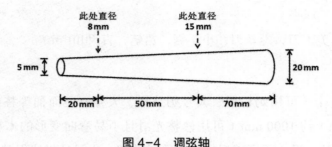

此处直径
8 mm

此处直径
15 mm

5 mm

20 mm

20 mm   50 mm   70 mm

图 4-4   调弦轴

4.组装

将琴杆从琴箱上的两个孔插入，具体位置应视所用材料而定，但基本要求是作为琴箱的茶叶桶底板中心点至上弦轴孔的距离在 640～648 mm。然后，用 AB 胶将琴杆与琴箱接合的地方密封、粘牢，再静置、晾干，约需 24 小时。等 AB 胶干透后，将调弦轴自下而上穿入琴杆。

如果是用长方形纸鞋盒做琴箱，则可以在纸鞋盒的盒底纵向切割出一个矩形槽，宽度与指板一样，深度为指板厚度的一半，用于后期将指板嵌入；另再挖切出两个出音孔，然后将指板嵌入矩形槽，指板与纸鞋盒嵌接的地方用热熔胶等粘牢、密封。琴桥用竹筷制作成两端带有支脚的"⌒"状，长度比指板稍宽，可以横跨指板并压在琴箱上，这样能够提高传音效果。具体如图 4-5 所示。此外，还可以用空的塑料洗衣液瓶、废旧塑料盆、铝盆等来制作琴箱，这样可以提高共鸣效果，增大音量。

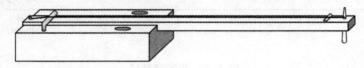

图 4-5   用纸鞋盒做琴箱

5.上弦校音

先将一颗螺丝钉放入琴杆上压弦孔的位置，并将吉他弦的一端缠绕其上，再将螺丝钉拧紧，将弦压牢、紧固。拉紧吉他弦另一端，压过琴箱底板，将端头缠绕于调弦轴上（调弦轴较细的一端），压紧后，转动调弦轴，将吉他弦稍微调紧。

再取一小节铅笔（或小木块、干透的树枝等），中间用美工刀切出深约 2 mm 的 V 字形的压弦槽后，夹压在吉他弦与琴箱底板之间，作为琴码（与吉他弦相垂直）。

需要注意的是，琴码与调弦轴的距离（吉他弦的有效弦长）约为 640 mm。此外，也可以将木片或铅笔、竹筷切削、粘接成"⌒"状，长度比琴杆直径稍大一点，作为琴码，这样传音效果会更好一点。

仿照弹奏吉他的方式，左手按弦，右手弹拨弦，试音，并用铅笔在琴杆上标注出音阶的位置。再将电工用的防水绝缘胶带裁剪成约 20 mm 的小条，贴在琴杆上，作为按弦位置的参考标志。至此即完成制作，可以弹奏音乐旋律了。如果能找到稍长一点的长布条、布带，或者稍粗的线绳，可以将其两端分别系在单弦琴的琴杆两头，作为背带，这样就可以将单弦琴像吉他一样斜挎背起来弹奏。

三、简易电声单弦琴制作

由于前述单弦琴的共鸣箱较小，因此其音量不会太大。如果有条件，则可以制作简易电声单弦琴，其基本样式如图 4-6 所示。

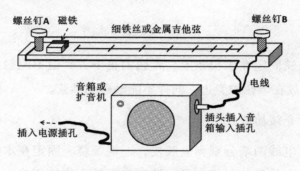

图 4-6　简易电声单弦琴

（一）工具与材料

1. 工具

美工刀，家用剪刀，螺丝刀，尖嘴钳，砂纸，铅笔，直尺。

2. 材料

厚约 25 mm、长约 700 mm、宽约 50 mm 的木板条一块，长约 50 mm 的金属螺丝钉两颗（可用旧式窗户挂窗钩用的羊眼替代），细铜线或细铁丝一根，大小适宜的磁铁一块，细电线若干，音频插头一个，双面胶、AB 胶、电工用的防水绝缘胶带若干。

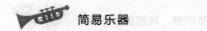

（二）制作步骤

1. 处理木板条

将木板条用砂纸打磨光滑，然后在其表面标注好准备安装螺丝钉、磁铁等的位置。

2. 安装螺丝钉

将两颗长约 50 mm 的金属螺丝钉用螺丝刀拧入、固定在木板条的两端。注意不能全部拧入，木板条外要留出约 30 mm。

3. 安装琴弦

将一根金属吉他弦（或细铁丝、细铜线等）的两头分别缠绕、固定在木板条两端的螺丝钉上。此时需要注意两点，一是要在琴弦与木板条之间留出足够的空间，二是要将弦绷紧。

4. 安装磁铁

用双面胶将磁铁固定在木板条上、琴弦的正下方，但不能触碰到琴弦。如果磁铁较大，则可以立放在琴弦的旁边，同样不能触碰到琴弦。

5. 连接电线与音频插头

将两根细铜芯电线两端分别剥去胶皮，一端缠绕、固定在木板条两端的金属螺丝钉上，并与金属吉他弦相连接，另一端与音频插头连接起来。如有条件，可用电烙铁、焊锡丝将连接处焊牢、固定。此外，细铜芯电线在木板条上的走线要规范，并用 AB 胶将其固定在木板条上。

6. 试音标注

找一个带有音频插孔的音箱（电吉他音箱最好，但注意插孔应与前述的音频插头相匹配），插好音箱的电源线，再将电声单弦琴的音频插头插入音箱的音频插孔，然后左手持螺丝刀，将螺丝刀的金属杆压放在琴弦上，右手轻弹拨琴弦，就可以听到音箱中发出乐音。

在琴弦上左右移动螺丝刀金属杆，弹拨琴弦，利用校音软件记下不同音高的声音发出时金属杆在琴弦上的准确位置，并用笔标注在琴弦下的木板条上，写上简谱的音名。至此，就可以利用这个简易电声单弦琴来演奏乐曲了。

（三）演奏方式

演奏者用电声单弦琴演奏时，可将其放置于桌面上。演奏者可用左手持螺丝刀，以其金属杆按弦、移位，右手拨弦。当然，也可以反过来操作，具体方式因个人习惯而定。如果演奏者能够很好地控制螺丝刀金属柄，就可以演奏出优美而带有丰富泛音、滑音的音乐旋律。如有兴趣，可以在这个电声单弦琴的基础上，再增加琴弦、改变弦长或琴弦的松紧程度，这样可以扩大演奏的音域范围，能演奏更多的乐曲。

四、扩展制作

在上述范例的基础上，如果增加一个调弦轴，加上另一根不同直径的吉他弦（建议用吉他的第5、第6弦），还可以制作成简易两弦贝斯（电贝斯有效弦长约864 mm）（图4-7）。还可以制作出简易三弦琴（大三弦有效弦长约820 mm，小三弦有效弦长550～580 mm）。

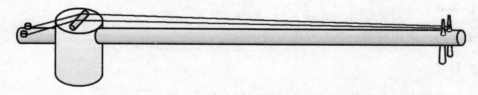

图4-7　简易两弦贝斯

第二节　简易橡皮筋琴

一、橡皮筋琴简介

所谓橡皮筋琴，顾名思义，即指以橡皮筋为发声源来制作的弹拨乐器。其起源已不可考，但在幼儿园、小学的教育活动中，经常可以看到各种橡皮筋琴的身影，往往成为少年儿童乐器与音乐学习的启蒙、创意与动手能力训练的载体。

在形制上，橡皮筋琴主要是以数量不等、粗细不同的橡皮筋作为琴弦，以纸盒等现成的包装盒为琴体、共鸣箱，依靠手指或拨片拨动橡皮筋振动发声，弹奏出音乐旋律。常见橡皮筋琴如图4-8所示。

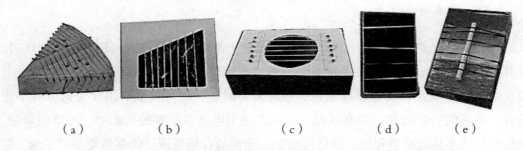

（a） （b） （c） （d） （e）

图4-8 橡皮筋琴

二、简易橡皮筋琴制作

（一）工具与材料

1. 工具

美工刀，家用剪刀，热熔胶枪与透明胶。

2. 材料

废旧纸鞋盒一个，扎头发用的细橡皮筋七根。

（二）制作步骤

1. 制作琴体

将废旧纸鞋盒的盖子取下，将鞋盒翻过来，在其底部标绘出将要裁切挖出的梯形出音孔，并在梯形的上、下底边以相同的间距钻挖出七个小孔。具体尺寸要以鞋盒的实际大小来确定。

2. 安装琴弦

将扎头发用的橡皮筋从其中一端剪断，作为琴弦。将剪断的橡皮筋一端穿入琴体上梯形某一边的小孔，系牢、固定后，将其拉向梯形另一底边对应的小孔，穿入、拉紧，并弹拨试音，借助校音软件确定其音高。

重复上述工作，直到七根橡皮筋全部在梯形两边固定好，并测准音高，形成一个完整的音阶序列，然后用热熔胶粘牢、固定。

3.密封鞋盒

将鞋盒的盖子重新盖上，并用透明胶将其接合处粘牢、密封。

4.美化

根据个人喜好，对初制好的橡皮筋琴加以装饰，至此即完成制作。成品如图4-9所示。

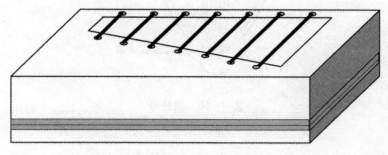

图4-9 简易橡皮筋琴

三、扩展制作

每位制作者可能会拥有不同的材料与工具。因此，可以根据实际条件变换材料，设计、制作出不同样式与大小的橡皮筋琴。

第三节 简易里拉琴

一、里拉琴简介

里拉琴，又名里尔琴、莱雅琴、诗琴，是西方最早的拨弦乐器。里拉琴是现代吉他的源头，也是文艺复兴以来西方音乐的象征。西方音乐的乐徽即以古老的里拉琴为原型进行简化设计的。虽然里拉琴样式有很多种，但从形制上看，主要由音箱、弓架、琴弦等部件构成。

里拉琴音色优美、音质纯净，其发声类似吉他，简单易学。演奏者在演奏时，通常左手持握一侧弓架，将琴置于左腿上，右手拨弦弹奏，其既可独奏、合奏，也

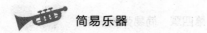

可成为伴奏乐器。① 常见里拉琴如图 4-10 所示。

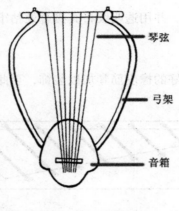

琴弦

弓架

音箱

图 4-10 里拉琴

二、简易里拉琴制作

使用各种日常物品、通用工具，可以制作出简易里拉琴。

（一）工具与材料

1. 工具

小铁锤，螺丝刀，小手锯，砂纸，平锉刀，美工刀，剪刀，手电钻及相应的钻头。

2. 材料

宽 30 mm、厚 20 mm 的木条块若干，200 mm × 200 mm 的三层板或五层板一块，不同粗细的尼龙渔线若干，小铁钉、螺丝钉若干，挂窗钩用的羊眼（也可用通用型吉他调弦钮替代）。

（二）制作步骤

1. 制作琴体

（1）制作琴架。制作者根据自己想制作里拉琴的大小，用小手锯将木条块锯切

---

① 周姝 . 古希腊弦乐器的发展：从里尔琴到潘多里斯琴 [J]. 乐器，2015（8）：38-41.

为长短不一的四块，包括安装羊眼（或通用型吉他调弦钮）的横梁、两侧的弓架、拉弦的底座，并用小铁钉或螺丝钉固定成 V 字形。在底座正面中线上，按 10 mm 间距，用手电钻钻出七个直径 2 mm 的小圆孔，注意一定要钻穿底座，用于穿弦。在横梁侧面，按 33 mm 间距，用手电钻钻出直径 2 mm 的小圆孔，用于安装紧弦用的羊眼（如果是用通用型吉他调弦钮，则小圆孔直径改为 6 mm）。

（2）加装音板。按照琴架的大小，用小手锯将三层板或五层板锯切为高 200 mm 的梯形，然后用小铁钉或螺丝钉固定在琴架的下半部，使其与琴架两侧的支架、底座共同构成一个半开放的空间，使琴弦振动发出的声音产生共鸣，扩大音量。图 4-11 是简易里拉琴的结构尺寸。

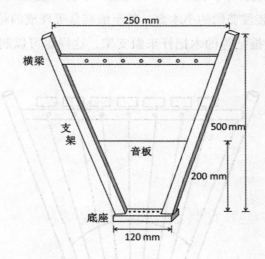

图 4-11　简易里拉琴的结构尺寸参考

用平锉刀、砂纸将琴体的边缘各处打磨光滑，支架顶端可以磨得更光滑一点。如有条件，也可以将琴体刷上一层清漆。

2. 安装羊眼（或通用型吉他调弦钮）

在琴体上部的横梁上安装七颗挂窗钩用的羊眼（也可用通用型吉他调弦钮替代），用于紧弦。

3. 安装琴弦

将不同粗细的尼龙渔线裁剪出七根，按由细到粗的顺序，依次穿过底座中间的小圆孔，系牢、固定。然后向上拉至横梁上的羊眼（或通用型吉他调弦钮），绕接、拉紧。

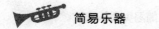

4. 校音

借助校音软件，拨动琴弦，转动横梁上的羊眼（或通用型吉他调弦钮），进行校音，直到七根弦能依次发出一个八度的音，形成准确的音阶。至此制作完成，可以用这个简易里拉琴来弹奏简单的音乐旋律。

三、扩展制作

每一位制作者可能拥有不同的材料与工具，这时可以根据自己手里的材料与工具制作出不同形状的里拉琴。例如，可以用空圆铁盒（直径 190 mm，高 50 mm，以中号饼干盒为宜）、装雪茄烟的小木盒，甚至纸鞋盒等现成的箱盒体来作为琴箱。用木块条或废旧扫帚、拖把等的木把杆来做支架，这样也可以制作出简易里拉琴。成品如图 4-12 所示。

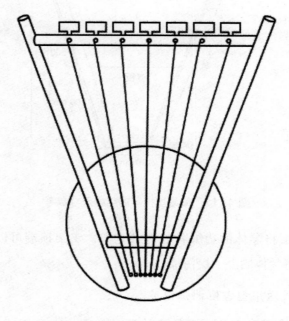

图 4-12 饼干盒里拉琴

第四节 简易吉他

一、吉他简介

吉他，又称六弦琴，其源头可追溯到公元前两三千年前古埃及的耐法尔、古巴比伦和古波斯的各种古弹拨乐器。吉他是历史悠久、流传广泛的弹拨乐器。

吉他由较长且头端带有六个调弦钮的指板、近于 8 字形带圆形出音孔的平板大琴箱、粗细不同的六根琴弦等部件构成。在吉他的指板上，紧邻调弦钮的琴颈处，有条带状凸起的弦枕，向琴箱方向则嵌有与琴枕平行的窄而向上凸起的金属制横格（18 ～ 24 条），被称为品格线、品格条、品丝，它把琴弦划分为许多个半音（每一品即一个半音）。在琴箱近尾部处有琴桥与下琴枕、固定弦的弦钉，琴弦则靠弦钉与调弦钮绷直、拉紧（上下琴枕之间的琴弦长，即为吉他弦的有效弦长）。吉他结构样式如图 4-13 所示。

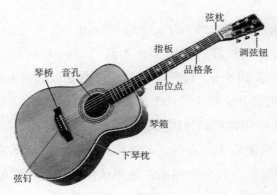

图 4-13 吉他结构样式

吉他属于弹拨类弦鸣乐器，其发音原理是拨动吉他琴弦，使琴弦振动发出声音，并通过琴桥将振动传递给琴箱，引起共鸣、放大音量。如果将指板上不同的品格条按住并拨动吉他弦，则能够振动的有效琴弦长度会发生改变，从而产生不同音高的声音。[1]

---

[1] Clunsdy. 原声吉他内部构造详解 [J]. 乐器，2010（1）：84-87.

吉他常见有民谣吉他、古典吉他、电吉他三类。吉他音色优雅，简单易学，有个性的音色与表现手法，表现力丰富，可用于独奏、重奏、合奏以及伴奏等，是现代流行音乐的主要乐器之一。吉他享有"乐器王子"的美誉，深受广大青年人的喜爱，与小提琴、钢琴并列为当今世界三大乐器。

二、简易吉他制作

合理利用生活中的废旧物品，再加上购买的较便宜的琴弦、调弦钮，借助各种通用工具，可以制作出简易吉他。

（一）工具与材料

1. 工具

美工刀，螺丝刀，小钢锯，钢丝钳，小铁锤，平口凿刀，小号圆锉刀，手电钻等。

2. 材料

空圆铁盒（直径不小于 230 mm，厚约 80 mm，以大号的饼干盒为宜，也可用其他形状的铁盒、材质较好的硬纸盒或木盒等替代）一个，木条板一块（长约 878 mm、宽 60 mm、厚 20 mm，以坚硬而不易弯曲变形的实木条为佳），民谣吉他弦一套（六根），通用型吉他调弦钮六个，竹筷，AB 胶，铁钉（至少 60 mm 长，直径约 3 mm）十二颗（可用稍粗的竹烧烤签替代），螺丝钉若干。

自制的简易六弦吉他主要由指板、琴箱构成。指板固定压置在挖有出音孔的琴箱上，在指板的头端固定着六个通用型吉他调弦钮；靠近琴弦的指板上平行排列着琴枕以及嵌入的十二根品格条；指板尾部附近有起着传音作用的琴桥，尾端有六个穿弦孔。成品如图 4-14 所示。

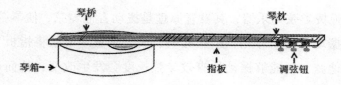

图 4-14　简易六弦吉他

（二）制作步骤

1. 制作指板

根据实测数据与样式，制作吉他的指板。图 4-15 是吉他指板结构尺寸。

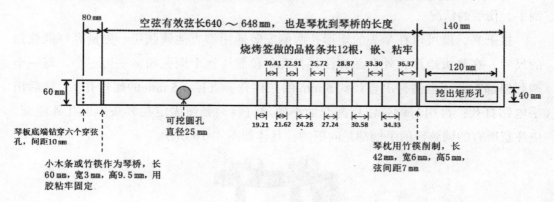

图 4-15 吉他指板结构尺寸

在准备好的木条板上用铅笔标绘出琴头的矩形孔、琴枕、十二根品格条、出音孔、琴桥、穿弦孔等的位置。具体操作方法如下。

（1）琴头。琴头上的矩形孔是用于安装调弦钮的。如果有手电钻和开孔器，可以先用其钻出圆孔，再用美工刀挖切、修整而成。如果没有手电钻，也可以用平口凿刀来挖切，再用美工刀修整成形。

（2）品格条。至于品格条的制作，可先用小钢锯在指板相应位置平拉锯出深约 1.5 mm 的线槽，再用小号圆锉刀、美工刀修整为断面略呈半圆形的线槽。然后注入 AB 胶，再将截掉钉头与圆头柄的铁钉嵌入、粘牢。静置一天，待 AB 胶干透后，用美工刀、小号圆锉刀等将作为品格条的铁钉两端修整、打磨光滑，铁钉表面上粘的多余 AB 胶也要用美工刀刮削掉。如果用稍粗的竹烧烤签、棉签等替代铁钉，制作方法相类似，加工、安装更方便。

（3）琴枕。琴枕用竹筷的圆柱端削制而成，也可以用上述制作品格条的方法，将其固定在指板上相应的位置，并用美工刀切出深约 2 mm 的 V 形弦槽。

（4）琴桥。琴桥是用竹筷的方形端削制，是可以不用固定的。

（5）出音孔。品格条与琴桥之间的出音孔，可用手电钻加上开孔器来钻出。如果没有相应工具，也可以不开挖这个孔。

（6）穿弦孔。指板底端边线附近的六个穿弦孔，可用手电钻加上 1.5 mm 直径的

简易乐器

钻头来钻出，最好是从指板尾端正面斜着向底端方向钻孔。穿弦孔与底边的距离约为 10 mm。如果没有手电钻，可以用钢丝钳夹一颗直径 1.5～2 mm 的细长小铁钉，在火上烧红后，即可用于钻穿弦孔。

上述工作完成后，要仔细地检查一下指板的边缘等是否有毛刺，尽量不要出现刮手、伤手的情况。

接下来，就可以在琴头的矩形孔两侧安装通用型吉他调弦钮。先量算好调弦钮的尺寸，在琴头矩形孔外侧面标注好打孔的位置（六个调弦钮，一边三个，每一个调弦钮都需要用电钻打出直径约 5 mm 的弦柱孔、直径 1.5 mm 的螺丝孔），然后用手电钻打孔；再用与调弦钮相配套的小螺丝钉将调弦钮固定在琴头矩形孔外侧面。应注意所有的调弦钮的手柄都是向下的。具体如图 4-16 所示。

图 4-16　安装通用型吉他调弦钮

2. 制作琴箱

将大号的饼干盒的盒盖取下，在盒子的底部挖切出一个直径约 80 mm 的圆孔，距离盒边缘约 20 mm。挖切圆孔的方法为：在盒子底部用圆规画出圆圈后，先用手电钻加上 2.5 mm 的钻头，沿着圆的内边缘，每间隔 5 mm 打出一个小孔；再将平口凿刀对准小孔之间的部位，用小铁锤敲击、破开，或者用剪刀剪切掉两个小孔之间连接的部分，直至最后挖切出一个直径约 80 mm 的圆孔。圆孔挖切出后，会有许多尖利的毛刺，需要用小铁锤轻轻地敲击这些地方，使其向着盒子内部方向弯曲，这样才能使整个圆孔的边缘相对比较圆滑，而不会伤手。

如果是用纸鞋盒之类的纸盒做琴箱，可以在纸盒盖上沿纵向切割出一个矩形槽，宽度与指板一样，深度为指板厚度的一半，用于后期将指板嵌入，另再切出音孔。具体如图 4-17 所示。

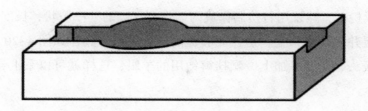

图 4-17　纸鞋盒开槽做琴箱

3. 组装指板与琴箱

参考图 4-18，用较长的螺丝钉将指板与琴箱、琴箱内衬托的小木块等连接、固定起来，再盖上盒盖。

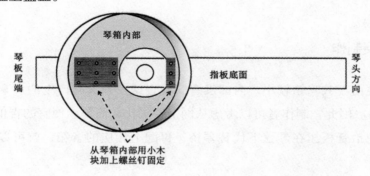

图 4-18　组装指板与琴箱

如果是用鞋盒之类的纸盒做琴箱，则可直接将指板嵌入图 4-17 所示的矩形槽。将指板与纸鞋盒嵌接的地方用热熔胶等粘牢、密封，再挖切出音孔。具体如图 4-19 所示。

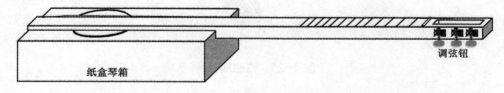

图 4-19　指板嵌入纸鞋盒琴箱

4. 上弦校音

按照先 1、6 弦，再 2、5 弦，后 3、4 弦的顺序，将六根吉他弦依次穿过指板尾端的穿弦孔，压住琴桥、琴枕后，穿入调弦钮上的弦柱小孔，上好琴弦。再借助校音软件校准各弦的音，然后就可以用于演奏了。

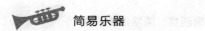

在制作琴桥时，建议用竹筷制作成两端带有支脚的"⌒"状，长度比指板稍宽，可以横跨指板并压在琴箱上，这样能够提高传音效果。具体如图4-20所示。此外，还可以在指板头、尾处各加上一颗挂窗钩用的羊眼，这样就可以系上吉他背带，以便于站立演奏。

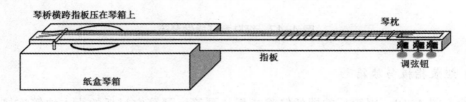

图 4-20　琴桥横跨指板压在琴箱上

三、扩展制作

自制吉他由于共鸣箱较小，内部没有安装音梁，弹奏时产生的声音音量不如真正的吉他洪亮。因此，制作者可以考虑从网上购买比较简单、便宜的吉他拾音器（见图4-21），把拾音板压在琴弦下代替琴桥，再配上相应的音箱，就可以作为电声吉他来使用。

图 4-21　吉他拾音器

本例简易吉他在指板上只制作了十二根品格条，如果想再多加一点品格条，可以有效弦长（648 mm）计算品格条间距。各品格条间距为36.37、34.33、32.40、30.58、28.87、27.24、25.72、24.28、22.91、21.62、20.41、19.21、18.18、17.17、16.20、15.29、14.43、13.63、12.86、12.13、11.46、10.81、10.21、9.6，单位为mm。

也可以用下列公式来计算品格条间距：

$$\left(L-\sum_{i=0}^{n}F_n\right)/17.817152=F_{n+1} \tag{4-1}$$

其中，L 是有效弦长，F_n 是第 n 品长度。

还可以参考下面的计算方法（单位：mm）：

XL 表示有效弦长，L_1 表示琴枕至第一品距离，L_2 表示第二品至下一品的距离（依此类推），n 表示品格条与弦长比例系数，其值为 17.817。

各品格条间距计算公式：

$$L_1=XL/n \tag{4-2}$$
$$L_2=(XL-L_1)/n+L_1 \tag{4-3}$$
$$L_3=(XL-L_2)/n+L_2 \tag{4-4}$$
$$L_4=(XL-L_3)/n+L_3 \tag{4-5}$$
$$L_5=(XL-L_4)/n+L_4 \tag{4-6}$$

以此类推，可计算出第二十四品距。

可先计算出第一品长度，即用有效弦长除以 17.817，得出第一品品距；计算第二品长度时用有效弦长减去第一品的长度再除以 17.817 这个系数；计算第三品长度时用有效弦长减去第二品的长度再除以 17.817，以此类推计算后面品格条的间距。每品距离琴枕的长度要加上之前的品，计算时保留小数点后三位，到第十二品时刚好是有效弦长的一半。这个方法对吉他、尤克里里、电贝斯等品格条间距计算均有效。在互联网上，还有不少网友自己开发的吉他品格条间距计算工具，计算品格条间距时可将其作为参考。此外，参考简易六弦吉他的制作方法，还可以制作出简易的四弦电贝斯、尤克里里、琵琶、中阮、月琴等多种指板上带有品格条的弹拨乐器。

第五节　简易古琴

一、古琴简介

古琴，又称瑶琴、玉琴、七弦琴，是中国历史悠久的传统拨弦乐器，早在周朝时就已广泛流行。古琴在历史上被赋予礼制、修身养性等功能，不仅用于祭祀、朝会、典礼等活动，还兴盛于民间，更是历代文人雅士修身养性寄情之物。目前，我

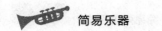

国考古发现最早的古琴，为2016年在湖北枣阳郭家庙出土的周朝曾国春秋早期的琴，距今已有2700年。2003年11月7日，联合国教科文组织世界遗产委员会宣布，中国古琴被选入世界非物质文化遗产，2006年被列入中国非物质文化遗产名录。[①]

在形制上，古琴为中部略弧形隆起、底面内凹而空的长横条状，木质。一般长约1250 mm，有七根弦，面板上有辅助取音定位的琴徽标记，底部有紧弦校音的琴轸。具体结构如图4-22所示。

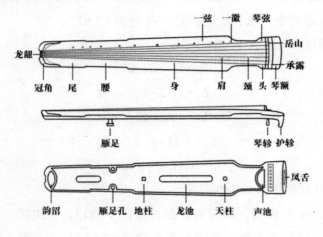

图4-22　古琴结构

古琴空弦音高需根据演奏乐曲而定，定调复杂，调式有35种之多。演奏时，演奏者将琴横置于桌上或腿上，右手弹拨琴弦，左手依靠琴徽标记按弦取音。

古琴音域宽广，音色深沉醇厚，余音悠远，表现力丰富。它的散音（空弦音）嘹亮、浑厚，洪如铜钟；泛音透明如珠、丰富多彩且因音区不同而有所差异；高音则轻清松脆，如风中铃铎；中音明亮铿锵，如敲击玉磬。

二、简易古琴制作

（一）工具与材料

1. 工具

美工刀，螺丝刀，小手锯，平锉刀，砂纸，手电钻及相应钻头，铅笔，直尺。

---

① 邴露. 古琴论 [J]. 济宁学院学报，2011，32（2）：116-118.

2. 材料

薄木板一块（长 1000 mm、宽约 150 mm、厚 10 mm），木条块一块（长 150 mm、宽 15 mm、厚 10 mm），矩形小木块四块（其中两块长 50 mm、宽 20 mm、厚 10 mm，另两块长 20 mm、宽 20 mm、厚 10 mm），网购古琴弦一套（七根，也可用吉他弦、稍粗的渔线等替代），挂窗钩用的羊眼七个，螺丝钉若干，胶。

（二）制作步骤

1. 制作琴板

用小手锯将薄木板（长 1050 mm、宽约 150 mm、厚 10 mm）锯切成"矩形 + 长梯形"状，并用砂纸将边缘修整光滑。如图 4-23 所示。

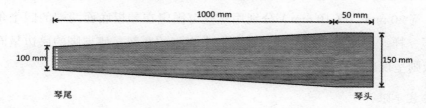

图 4-23　琴板

在距琴尾 10 mm 处先画一条平行于琴头边线的线条，并在该线上每间隔 15 mm 标注打孔的点。然后以标出的点为圆心，用手电钻从琴板面向尾端边斜向打出七个直径约 1.5 mm 的小圆孔（最靠边的小孔距梯形长边约 5 mm），当作穿弦孔。

2. 制作岳山

将一块长 150 mm、宽 15 mm、厚 10 mm 的木条块打磨光滑后，每间隔 20 mm 切出一个上宽 2 mm、深约 5 mm 的 V 形槽。如图 4-24 所示。

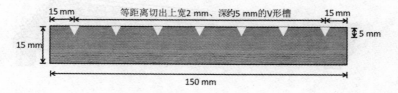

图 4-24　岳山

3. 安装岳山

用胶粘或者用螺丝钉将制作好的岳山固定在距琴头约 50 mm 处，与琴板呈垂直状。图 4-25 是琴板加装岳山。

图 4-25　琴板加装岳山

4. 安装支脚

将四块矩形小木块（其中两块长 50 mm、宽 20 mm、厚 10 mm，另两块长 20 mm、宽 20 mm、厚 10 mm）分别用螺丝钉固定在琴板底面两端的四个角。由于其高低不一样，因此需要用平锉刀锉磨四个支脚的底部，使支脚的底边呈同一水平面。琴板则呈现出琴头高、琴尾低的状态。

5. 安装羊眼

在距琴头边缘约 15 mm 处，沿着边缘线，以相同的间隔（约 20 mm），钻入七颗挂窗钩用的羊眼（不能将其螺纹杆钻入琴板太深），用于固定紧弦与调音。

6. 安装琴弦与校音

将网购的古琴弦（或用吉他弦、稍粗的渔线等替代）先从琴尾端的穿弦孔穿入、系牢固，然后拉向琴头方向，压住岳山上对应位置的弦槽，再穿过琴头处羊眼上部的圆孔。之后在羊眼的螺纹杆上缠绕几圈，稍紧后则转动羊眼，将弦拉直、拉紧。成品如图 4-26 所示。

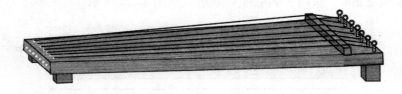

图 4-26　简易古琴

琴弦装好以后，按照古琴的正调定弦定音法，借助校音软件，将最低的一条空弦音调定为大字组 G 音。定弦由第一弦至第七弦依次按五声音阶排列，分别为 G、A、 c、d、e、g、a。

　　至此即完成制作，可以将古琴用于乐曲的演奏。

　　演奏时，弹奏者左手按弦取音、右手弹拨琴弦，手指拨动绷紧的琴弦时，琴弦振动发出声音，并通过岳山将振动传递至琴板下，引起共鸣、放大声音。如果左手指按弦的位置发生改变，则能够振动的琴弦长短会发生改变，从而产生不同的声音。[①]

三、扩展制作

　　借鉴简易古琴的制作方法，参考我国另外一种传统乐器古筝，可制作简易古筝。如有兴趣，可以参考图 4-27，选择合适的材料来试试。

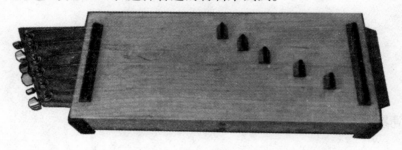

图 4-27　简易古筝

第六节　简易箜篌

一、箜篌简介

　　箜篌，又名坎侯、空侯，是我国传统弹拨乐器，曾在古代宫廷及民间有较广泛的流行，从 14 世纪后期则逐渐从民众视野中消失，近年来才再次引起人们的关注。箜篌类似西方乐器中的竖琴，在形制上很像直立的半边木梳，大致呈半圆或三角形状，通常由底座、共鸣箱、立柱等部件构成，琴弦从 7 根到 72 根不等。按共鸣箱及大小的不同，可分为卧箜篌、竖箜篌、凤首箜篌等三种。箜篌音域宽广，音色柔美清澈、清亮飘忽、清越空灵，表现力强，可独奏、重奏和歌舞伴奏，也可用于大型

---

① 王鹏.斫琴漫谈（下）[J].乐器，2011（3）：10-13.

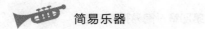

民族管弦乐队的合奏。常见箜篌如图 4-28 所示。

（a）　　　　　　　　（b）

图 4-28　箜篌

二、简易箜篌制作

参考图 4-29，制作者可以用各种废旧材料、工具制作出可弹奏乐曲的简易箜篌。

图 4-29　简易箜篌

（一）工具与材料

1. 工具

小铁锤，尖嘴钳，螺丝刀，小手锯，平锉刀，砂纸，手电钻及相应钻头，铅笔，直尺。

2. 材料

长 1000 mm、直径 100 mm 的 PVC 管一根，相应直径的 PVC 管盖一个，宽 30 mm、厚 20 mm 的木板条若干，不同粗细的尼龙渔线若干，小铁钉、螺丝钉若干，挂窗钩用的羊眼（也可用通用型吉他调弦钮替代）。

（二）制作步骤

1. 制作琴架

用小手锯将准备好的木板条锯切为三节，拼接成一个等腰直角三角形，并用小铁钉或螺丝钉固定好，注意其斜边长为 1000 mm。在这个三角形斜边的内侧，根据准备安装弦的数量，以同样的间距，钉入小铁钉（只将小铁钉的一半钉入木板条），并用尖嘴钳将小铁钉的上半部分弯折成环钩状。在三角形的一条直角边上等距离钉入挂窗钩用的羊眼，具体数量以准备装弦的数量而定。

2. 制作共鸣箱

取长 1000 mm、直径 100 mm 的 PVC 管一根，用小手锯将其一端沿斜向 45° 锯切掉一个角。如图 4-30 所示。

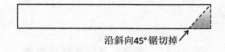

沿斜向45°锯切掉

图 4-30　共鸣箱

3. 组装琴架与共鸣箱

将三角形琴架斜边对准 PVC 管共鸣箱，然后将螺丝钉从 PVC 管的两端内侧钉入，将琴架与 PVC 管共鸣箱固定在一起。再用手电钻在三角形琴架斜边的两侧 PVC 管上等距离钻出三至四个直径约 30 mm 的小圆孔，作为共鸣箱的出音孔，并用平锉刀、砂纸将出音孔的边缘修整光滑。锯切长度、宽度适宜的一块短木板条作为底座（可用大小适宜的纸鞋盒替代），将PVC管共鸣箱斜向地组合到底座上，用小铁钉或螺丝钉固定好。再锯切两块短木板条，使PVC管共鸣箱与底座形成的夹角之间构成一个三角形，并用小铁钉或螺丝钉固定好。具体组装样式可参考图4-29。用PVC管盖将PVC共鸣箱的上端盖紧，当然也可以不用。

4.上弦校音

将不同粗细的尼龙渔线分切为不同的长度，作为筌篌弦（粗的做低音弦，细的做高音弦）。依次连接在挂窗钩用的羊眼与三角形琴架斜边上的铁钉钩之间，并通过转动羊眼，将弦拉紧。然后，借助校音软件，对每根弦逐个校音，由低到高，形成完整的音阶，这样即完成制作。

三、扩展制作

如有兴趣，还可以参考本例的方法及图4-31，用纸盒、木板条等材料制作出西方弹拨乐器中的简易竖琴。

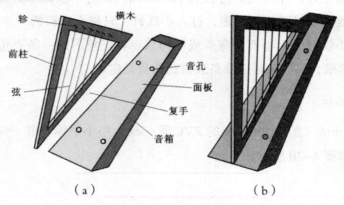

图4-31 简易竖琴结构样式参考

第七节　简易卡林巴琴

一、卡林巴琴简介

卡林巴琴又名拇指琴，是流行于非洲撒哈拉沙漠以南地区的一种簧片弹拨乐器。传统的卡林巴琴是在用葫芦（也有用小木盒、小铁盒的）制成的琴箱（共鸣器）面上固定了一组长短、宽窄不一的薄片（也称簧片、簧舌，木制或竹制，现代则改用金属条），拨动这些薄片时，能发出不同音高的声音，具体可参考图4-32。卡林巴琴体积小，便于携带。演奏时，弹奏者两手握持琴体，然后用两个大拇指弹奏，当拇指按下再放开时，薄片便会迅速回弹、振动，从而发出声音。卡林巴琴虽然音量不大，但音色独特，空灵透彻，既可用于歌唱的伴奏，也可用于独奏、合奏。

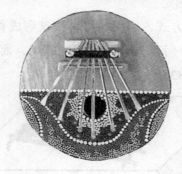

图4-32　卡林巴琴

二、简易卡林巴琴制作

使用各种废旧物品、通用工具，可以制作出简易卡林巴琴。

（一）工具与材料

1. 工具

家用剪刀，美工刀，尖嘴钳。

2. 材料

一次性卫生筷一根（可用直径 4～5 mm 的细竹竿替代），黑色一字夹七根（钢发夹），方形或圆形小硬纸盒一个，长约 300 mm、直径 16 mm 的铁丝一根，热熔胶枪与若干胶棒。

（二）制作步骤

1. 安装发音簧片

先将长约 100 mm、直径 16 mm 的铁丝两端各取 20 mm，用尖嘴钳弯成直角脚，铁丝呈拱桥状。再将七根一字夹自尾部依次穿入拱桥状铁丝的中部。

在方形或圆形小硬纸盒的底面，对应拱桥状铁丝的两只直角脚，钻两个小孔后，将穿套有一字夹的铁丝的两只脚插入小孔内。于纸盒内将两只脚相向、向内弯曲，并压紧在纸盒内底部，再用热熔胶粘牢、固定。随后，在盒底外部将七根一字夹尾部与铁丝都用热熔胶粘牢、固定。

参考一字夹尾部固定的方式，用尖嘴钳将铁丝弯成直角脚后，将发卡的平直脚压紧、固定。此处需注意，一字夹尾部应尽可能靠拢，而一字夹的平直脚应分散开，像张开的手指一样。如图 4-33 所示。

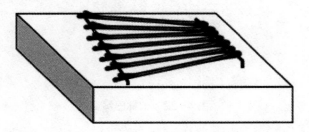

图 4-33　安装发音簧片

2. 制作琴码

将一次性卫生筷用剪刀或美工刀分切为 5～7 mm 的小块，作为琴码。中间用美工刀切出宽约 2 mm、深约 1.5 mm 的凹槽，一共需要七个琴码。

3. 安装琴码

取一个切好凹槽的卫生筷小块，夹到一字夹中间一定的位置。七根一字夹都是同样的做法，具体可参考图 4-34。

图 4-34　将琴码夹到一字夹中间

4. 测音与校音

首先，对琴码居于中间位置的一字夹，拨动其翘起的簧片，借助测音软件，测试其振动产生的音高。其次，以其为基准，逐个拨动其他簧片，并且调整琴码的位置，直到七根一字夹振动发出的声音能形成一个相对比较完整的音阶。最后，用热熔胶将琴码粘牢、固定。

5. 美化

根据个人的爱好，对硬纸盒外部进行适度的装饰。然后在纸盒两侧开挖两个大小适当的圆形出音孔，至此即完成制作。

三、扩展制作

每位制作者可能会拥有不同的材料与工具，因此，可以根据实际条件，变换材料，设计、制作出不同样式与大小的卡林巴琴。如可以用木层板、木条块制作成长方形的小木盒琴体，用废锯条、自行车辐条、挡风玻璃雨刷（隐藏在橡胶中）、细竹条等制作簧片。只要人们有想象力，并能大胆动手尝试，就可以制作出更好的卡林巴琴。

第八节　简易弹拨乐器创制

从前面介绍的各种简易弹拨乐器来看，虽然形制、大小、音色等各不相同，但从总体上讲，一件弹拨乐器主要由张弦部件、琴弦、共鸣箱体构成。因此，只要能够制成张弦部件，可以安装固定细线绳类琴弦，能控制有效弦长，可方便地调校音高，能扩大琴弦振动产生声音的音量，就可以创制出各具特色的简易弹拨乐器。

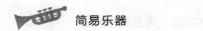

一、分体式简易弹拨乐器

分体式简易弹拨乐器是指张弦部件、琴箱体为各自独立的部件，如吉他、尤克里里等，其创制主要涉及张弦部件、琴箱体两部分。

（一）张弦部件

构成简易弹拨乐器的张弦部件，其主要功能是安装琴弦，调整琴弦的松紧程度，方便按弦弹奏形成音阶。制作者制作的张弦部件要符合以下几点。

第一，张弦部件应有一定的长度。具体的尺寸，应结合整体设计，从琴弦的长度方面来考虑。

第二，张弦部件应有一定的强度。张弦部件能够在安装上琴弦并绷直绷紧受力后，不会产生明显的弯曲变形，否则无法保证形成稳定的音高。

第三，无论是横式还是竖式的简易弹拨乐器，张弦部件的表面都应当平整光滑，既便于握持，也便于演奏时按弦、滑动变音。平整光滑也是外形美观的需要。

第四，在张弦部件上，尾部应有可以安装固定琴弦的琴钉或挂钩（也可以改到琴箱体上），以及位于琴头、用于穿弦并调节琴弦松紧程度的调弦装置（常用便宜的通用型吉他调弦钮，或者用螺丝钉、羊眼钉等替代）。

第五，为便于控制有效弦长，通常在张弦部件的头端装有琴枕，在靠近尾端的位置装有琴桥（也可以调整到琴箱体上）。琴枕与琴桥间的弦长，即是有效弦长。

（二）琴箱体

生活中有不少废旧物品可以用来制作简易弹拨乐器的琴箱体，用以扩大音量。如各种物品的外包装纸箱、纸盒，材质轻便，又便于加工，是制作简易弹拨乐器琴箱体的常用材料。但由于纸箱、纸盒有一定的吸音作用，不利于其内部声波的振动与反射，因此制作者在加工制作时，最好是在其内部粘贴上一层宽透明胶带，这样可以防止漏音。

在琴箱体上，应挖切出适宜的孔、槽，便于与张弦部件嵌合，在嵌合处还应用胶封堵、粘牢。同时，在琴箱体上恰当的位置还应挖切出大小、形状适宜的出音孔。此外，应根据实际，对琴箱体外表面进行美化。

二、一体式简易弹拨乐器

一体式简易弹拨乐器是指张弦部件、琴箱体合二为一，如古琴、古筝等，其创制时主要涉及琴箱体。此类简易乐器的琴箱体可以是长度适宜的稍粗的 PVC 管、竹筒，或者是稍长且有一定强度的纸箱、纸盒，甚至可以用课桌、长条凳等旧木制家具。无论选用什么材料，都要注意其表面应当平整光滑，以便于演奏时按弦、滑动变音。

其制作的难点在于固定、绷紧琴弦。通常是用螺丝钉、羊眼钉固定，也可以用便宜的通用型吉他调弦钮固定。此外，还应注意，这类简易乐器也需要有琴枕、琴桥（也可称为琴码），用于控制有效弦长。

还有一种情况，即不用琴箱体，或琴箱体的共鸣扩音效果不太好。这时可以将便宜的吉他拾音器安装于琴桥附近，使其成为电声琴，这样可以有效解决音量问题。

三、琴弦的选择

如有条件，最好是选购便宜的专用琴弦。当然，也可以根据实际，使用有较好的强度、表面光滑的其他细线绳材料作为琴弦。总之，只要能够固定好琴弦、形成有效弦长，可以紧弦校调音高、形成音阶，就可以创制出多种样式的简易弹拨乐器。

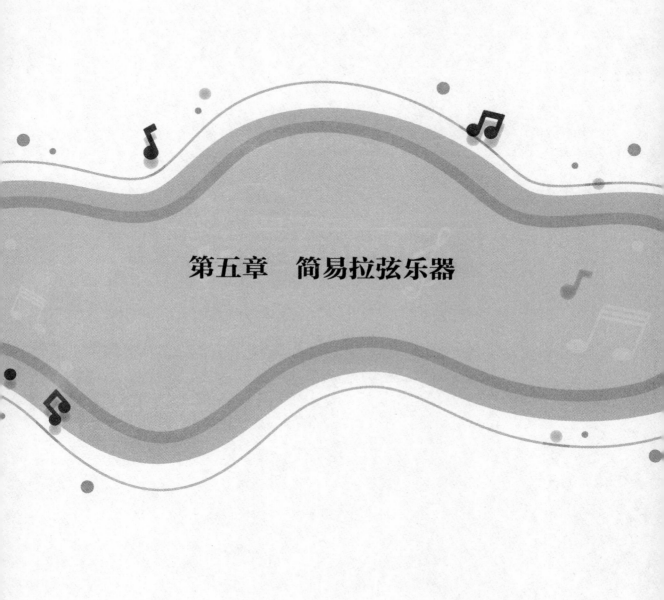

第五章　简易拉弦乐器

拉弦乐器又称擦弦乐器，主要是指以琴弓上固定绷直的马尾，与细丝状琴弦相摩擦而发出乐音的乐器。在东西方的乐器家族中，拉弦乐器是一个比较重要的大类，类型、形制丰富多样，音乐表现能力强，往往在乐队中起着重要作用。西方拉弦乐器以提琴类为典型代表，东方拉弦乐器则以我国的胡琴类为典型代表。

合理利用生活中各种常见物品，加上适度购置便宜的专用配件，可以制作出能够演奏音乐旋律的简易拉弦乐器（又称为弓弦乐器）。如简易二胡、京胡、小提琴、中提琴、大提琴、马头琴等。

第一节　简易二胡

一、二胡简介

二胡即二弦胡琴，又名"南胡""嗡子"，始于唐朝，起源于我国古代北部地区的少数民族。二胡是我国富有特色的传统拉弦乐器，在我国民族乐器家族中占据着重要的地位。

　二胡主要由琴筒、琴托、琴杆、弦轴、琴弦、千斤、琴弓、琴码等部件构成，主要是依靠琴弓上由马尾制的弓毛与琴弦相互摩擦，引起琴弦振动、发声，并配合手指按压琴弦上的不同位置，而发出不同的声音。还可以琴筒上的琴码作为中介，将声音传递到琴筒，以产生共鸣并放大声音。

二胡的音色圆润柔和、优美动听、柔美抒情，有着近似于人声的乐音，富有歌唱性和表现力。二胡既可用于独奏、合奏，也可用于伴奏。

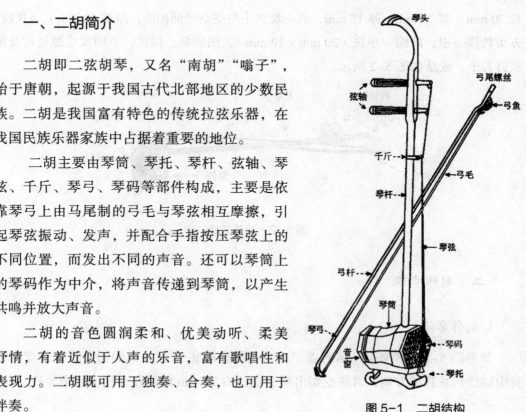

图 5-1　二胡结构

二、简易二胡制作

传统二胡的制作，需要蟒蛇皮作为琴筒的主要蒙制材料，其价格比较昂贵，而且在强调环保、保护野生动物的当代受到极大的限制。改用生活中常见的各种废旧物品，也可以制作出能演奏音乐旋律的简易二胡。

（一）工具与材料

1. 工具

美工刀，家用剪刀，螺丝刀，小手锯，手电钻及相应钻头，铅笔，直尺。

2. 材料

空茶叶桶（可用奶粉桶、平底易拉罐等替代）一个，木棍一根（长 800 mm，直径 20 mm），二胡弦一套，通用型吉他调弦钮两个，尼龙缝衣线（直径 0.12～0.2 mm），细竹竿一根（长 800 mm，直径 8 mm，以干透的琴丝竹竿为佳），小木块两块（一块长 70 mm、宽 70 mm、厚 15 mm，另一块大小与空茶叶桶相仿，厚约 20 mm），AB 胶，方头竹筷一根，海绵一小块（20 mm×20 mm），细砂纸，棉线，不同规格螺丝钉及细铁钉若干。成品如图 5-2 所示。

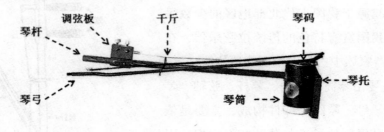

图 5-2　简易二胡

（二）制作步骤

1. 制作琴筒

参考图 5-3，拿掉茶叶桶的盖子后，在距离桶底约 25 mm 的桶身处，沿着与桶身中轴线相垂直的方向，对称挖切出两个直径约 20 mm 的圆孔，用于固定琴杆。

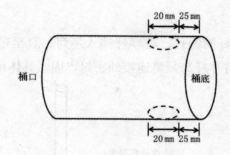

图 5-3 二胡琴筒尺寸

2. 制作琴托

参考图 5-4，取一块大小与空茶叶桶相仿的木块，用小手锯从其中一短边的中间锯切出一个矩形凹口，长约 45 mm，宽约 20 mm。

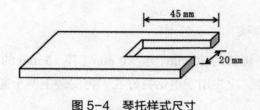

图 5-4 琴托样式尺寸

3. 连接琴杆与琴托

用细砂纸将事前准备好的扫帚木把打磨光滑，作为二胡的琴杆。参考图 5-5，将琴托放平后，把琴杆垂直插入琴托的矩形凹口的底边并贴紧琴托，琴杆底端距离琴托底面约 10 mm，再从侧面打入稍长的细铁钉，将琴托与琴杆固定起来。另将一颗小螺丝钉垂直、适量地钻入琴杆底端（留有空隙），作为挂弦用的弦钩。

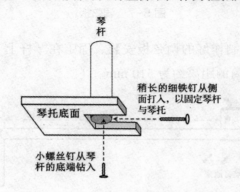

图 5-5 连接琴杆与琴托

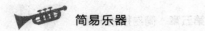

4. 安装琴筒

对准琴筒上预先挖好的圆孔，将琴杆插入琴筒，直至贴紧琴托，再用小螺丝钉固定住，然后用 AB 胶将琴杆与琴筒连接处密封牢固。具体可参考图 5-6。

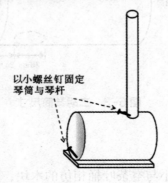

以小螺丝钉固定
琴筒与琴杆

图 5-6　安装琴筒

5. 制作与安装弦钮板

参考图 5-7，取一块长约 70 mm、宽 70 mm、厚 15 mm 的小木块，作为安装通用型吉他调弦钮的部件。应先用手电钻打好孔，再安装上两个通用型吉他调弦钮。

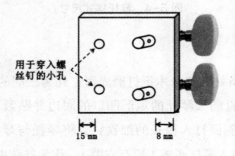

用于穿入螺
丝钉的小孔

15 mm　　8 mm

图 5-7　调弦板

用稍长的螺丝钉将制作好的调弦板安装、固定在琴杆上。如图 5-8 所示。此时需要注意，调弦钮至琴筒的距离约为 510 mm。

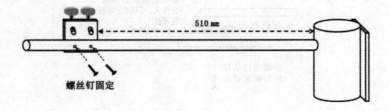

510 mm

螺丝钉固定

图 5-8　调弦板安装

6. 制作琴码

从竹筷的方头一端锯切长约 20 mm 的一小截，中间位置平行地用美工刀切出两条上口宽约 1.5 mm、深为 2 mm 的 V 形弦槽，间距约 5 mm，作为二胡的琴码。

7. 制作琴弓

将极细的尼龙缝衣线剪切为 800 mm 长，一共需要 80 ～ 120 根，将剪切好的尼龙缝衣线聚拢后，梳理顺直且不互相缠绕，两端打结系牢，作为弓毛。先将弓毛一端绑扎固定在作为琴弓杆的细竹竿一端，然后将细竹竿稍加弯曲，再把弓毛的另一端绑扎固定在细竹竿的另一头。成品如图 5-9 所示。

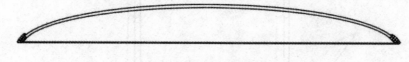

图 5-9　简易琴弓

需要注意的是，通常琴弓弯制好后，总长约 780 mm，弓毛应当呈现绷紧的状态。此外，还应将弓毛打上松香，这样才能用于演奏。

8. 上弦校音

上弦时，先将购买的二胡内弦的头端穿入尾端的环圈内，形成一个活动圈套。将这个活动圈套在琴杆底部的小螺丝钉上圈套住，然后拉住内弦的头端，穿入弦钮板上居于下方的调弦钮的弦柱小孔中，再转动调弦钮的手柄，以绷紧内弦。此处需要注意，在绷紧琴弦之前，应将一小块海绵块用琴弦压在琴筒底部的小螺丝钉与琴码之间的琴筒边缘上。

仿照上述方法，在琴杆底部的小螺丝钉上圈套住二胡外弦，再将二胡的外弦压住海绵块并从琴弓的弓毛与弓杆之间穿过，再穿入弦钮板上居于上方的调弦钮的弦柱小孔中，转动调弦钮的手柄拉紧外弦。把竹筷制作的琴码插入琴弦与琴筒之间，两弦对应压入琴码上的弦槽内，移动琴码至琴筒中间偏上的位置即可。

在弦钮板下方约 120 mm 处，先用棉线缠绕系紧两弦，再将弦拉近琴杆，然后将棉线缠绕系紧在琴杆上，作为二胡的千斤。此外，也可以将左手臂弯曲，肘部贴着琴杆置于琴筒上方，伸直手掌与肘，将千斤定位在中指与食指交界的关节处，这样定出来的弦长（千斤与琴码之间的距离）能够适合不同身高与臂长的演奏者。借助校音软件，按照传统的 26 弦（内 D 外 A，C 调）校音定弦后，就可以将二胡用于乐曲的演奏了。

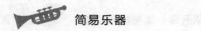
三、扩展制作

如有兴趣，可用木板替代琴筒，加上吉他拾音器，可以制作出简易电声二胡。图 5-10 是简易电声二胡。

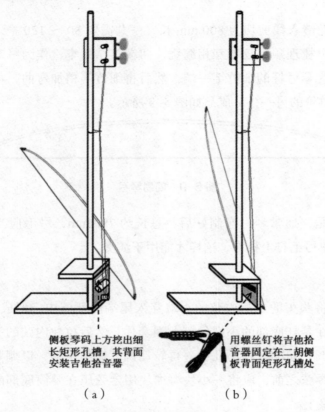

侧板琴码上方挖出细
长矩形孔槽，其背面
安装吉他拾音器

用螺丝钉将吉他拾
音器固定在二胡侧
板背面矩形孔槽处

（a）　　　　　　　　（b）

图 5-10　简易电声二胡

参考简易二胡的制作方法，还可以制作出简易京胡、板胡等中国传统民族拉弦乐器。简易京胡、简易板胡的制作样式与尺寸可参考图 5-11。通常京胡琴弓长720 ～ 740 mm，板胡琴弓长 820 ～ 850 mm。

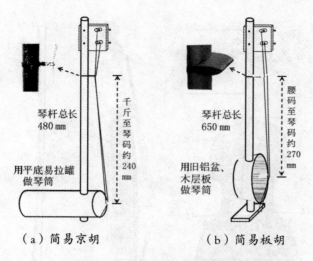

图 5-11　简易京胡与简易板胡

第二节　简易小提琴

一、小提琴简介

小提琴是西方乐器中较为重要的一员，据传是起源于"乌龟壳琴"，由欧洲古代的弓弦乐器经长期演变而成，至16世纪后期才逐渐定型为现在的形状。现代的小提琴由30多个零件组成。其主要构件有琴头、琴身、琴颈、弦轴、琴弦、琴码、腮托、琴弓、面板、侧板、音柱等。小提琴共有四根弦，由细到粗可分为E、A、D、G弦。成人使用的4/4小提琴的琴身长约355 mm，由具有弧度的面板、背板和侧板黏合而成。面板常用云杉制作，质地较软；背板和侧板用枫木制作，质地较硬；琴头、琴颈用整条枫木制作；指板用乌木制作；琴弓则是用木材与马尾制作。小提琴的结构样式如图5-12所示。

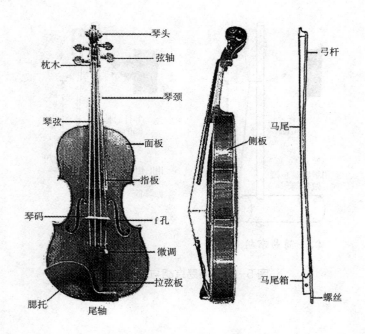

图 5-12　小提琴结构样式

（图中标注：琴头、弦轴、枕木、琴颈、琴弦、面板、指板、琴码、f孔、微调、拉弦板、腮托、尾轴、弓杆、马尾、侧板、马尾箱、螺丝）

　　小提琴主要是依靠琴弓上的弓毛与琴弦相互摩擦，引起琴弦振动发声，并配合手指按压琴弦上的不同位置，从而发出不同的声音；还可通过琴码下方、琴箱体内的音柱，将振动传递到琴箱底，引发琴箱底振动、向上反射声波且带动琴箱体共鸣，并通过琴箱体上的出音孔传出声音。小提琴音色优美、音域宽广，乐音富有穿透力与歌唱性，表现力强，长期在乐器中占有显著的地位，被称为"乐器王后"，是现代交响乐队的支柱，也是具有高难度演奏技巧的独奏乐器，与钢琴、古典吉他并称为世界三大乐器。

二、简易小提琴制作

　　长期以来，由于小提琴制作材料昂贵、制作工艺复杂，加之演奏学习难度相对较大、师资缺乏，因此，小提琴在我国，特别是在少年儿童中没有得到较广泛的普及。对此，人们可以利用各种废旧物品来制作简易小提琴，其同样可以用来演奏音乐旋律。

　　参考图 5-13，简易小提琴主要由起共鸣作用的琴箱体、安装固定琴弦的琴头指板与音梁板、琴码、琴弦、音柱、琴弓等部件构成。

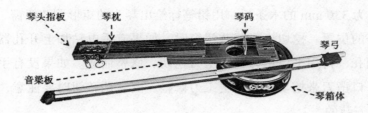

图 5-13　简易小提琴

（一）工具与材料

1. 工具

美工刀，螺丝刀，小钢锯，钢丝钳，小铁锤，平口凿刀，手电钻及其钻头，铅笔，圆规，直尺。

2. 材料

空圆铁盒（直径 190 mm，高 50 mm，以中号饼干盒为宜）一个，木条板（长420 mm、宽 50 mm、厚 18 mm，以坚硬而不易弯曲变形的实木条为佳），小提琴弦一套，通用型吉他调弦钮四个；尼龙缝衣线（直径 0.12 ～ 0.2 mm）若干，细竹竿一根（长 750 mm，直径 8 ～ 10 mm，以干透的琴丝竹竿为佳），小提琴 4/4 琴码一个，AB 胶，方头竹筷一双，棉线，防水绝缘胶带，不同规格螺丝钉和铁钉若干。

（二）制作步骤

1. 制作琴头指板

参考图 5-14，锯切木条板，挖切调弦钮窗，安装调弦钮与琴枕，制成带有琴头的指板。

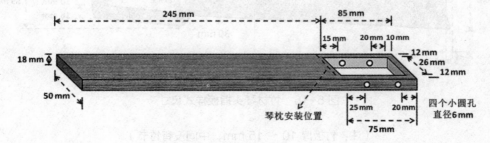

图 5-14　琴头指板样式尺寸

锯切出长为 330 mm 的木条板，用铅笔标绘出琴头的矩形调弦钮窗、弦柱孔、安装孔、琴枕等的位置。挖切矩形调弦钮窗时，如果有手电钻加上开孔器，可以先用手电钻钻出圆孔，再用平口凿刀、美工刀挖切、修整而成。如果没有手电钻，也可以直接使用平口凿刀来挖切，再用美工刀修整。安装调弦钮时要注意，两侧的调弦钮是需要错位安装的。

将竹筷的圆头一端用美工刀切成长 50 mm、厚约 4 mm 的半圆柱状，削制成琴枕，其半圆面上切出四道深 1.5 mm、口宽 1.5 mm 的 V 形弦槽，弦槽的间距为 5.5 mm。琴枕可用 AB 胶粘牢在指板上，也可用很细的小铁钉固定。具体可参考图 5-15。

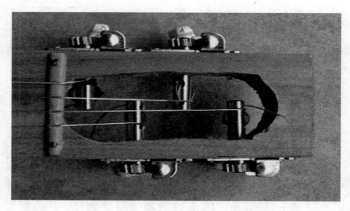

图 5-15　琴头错位安装调弦钮

如果能够找到比较厚实而干燥的大竹筒（筒壁厚 10 ～ 15 mm），也可以参考图 5-16 所示形状与尺寸，锯切制作成竹材琴头指板，这样效果会更好。

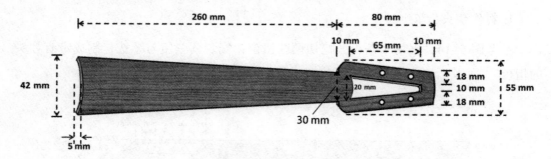

图 5-16　竹材琴头指板样式尺寸

（注：竹板厚 10 ～ 15 mm，中间没有竹节）

2. 制作音梁板

锯切出长为 260 mm 的木条板作为音梁板，另锯切一块长 40 mm 的小木块作为穿弦板，两者端头对齐后，用 AB 胶、螺丝钉固定在一起。在穿弦板的尾端距边缘 10 mm 处，用手电钻斜向尾端平行地钻出四个穿弦孔，间距为 10 mm。如有条件，可用手电钻加上开孔器，在音梁板上距离尾端约 80 mm 处挖出一个直径 20 mm 的圆形出音孔。如没有条件，也可以不要这个孔。如图 5-17 所示。

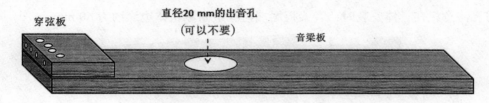

图 5-17　组合穿弦板与音梁板

3. 组合琴头指板与音梁板

锯切方头竹筷的方头部分 50 mm，用美工刀纵向剖切为 5 mm 厚的条块，修平整后，用 AB 胶或者用很细的小铁钉固定在距音梁板尾端 170 mm 处。然后，将安装好调弦钮的琴头指板尾端对准、压住音梁板上的竹筷条块，即将琴头指板的尾端垫高，斜压于音梁板上。两者之间形成夹角，琴头指板尾端距音梁板约 5 mm，再用螺丝钉将两者固定起来。具体可参考图 5-18。

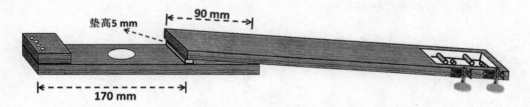

图 5-18　琴头指板斜压于音梁板

4. 制作琴箱体

将饼干盒的盒盖取下，在盒子的底部距离盒边缘约 20 mm 处挖切出一个直径约 80 mm 的圆形出音孔。挖切圆孔的方法如下。

先用手电钻加上 2.5 mm 的钻头，沿着画好的圆，每间隔 5 mm 打出一个小孔，再将平口凿刀对准小孔之间，用小铁锤敲击、破开，或者用剪刀剪掉两个小孔连接

简易乐器

的部分，直至最后挖切出圆孔。圆孔挖出后，会有许多尖利的毛刺，需要用小铁锤轻轻地、仔细地敲击这些地方，使其向着盒子内部方向弯曲，这样才能使整个圆孔的边缘相对比较圆滑，而不会伤手。

5. 组装琴板与琴箱体

锯切一块长 80 mm 的木条板，从琴箱体盒内（抵紧琴箱体侧边），与组合好的琴头指板与音梁板共同夹住琴箱体底盒面，用螺丝钉固定。具体可参考图 5-19。此时需要注意，在具体安装时，音梁板尾端边缘距离琴箱体边缘约为 60 mm。

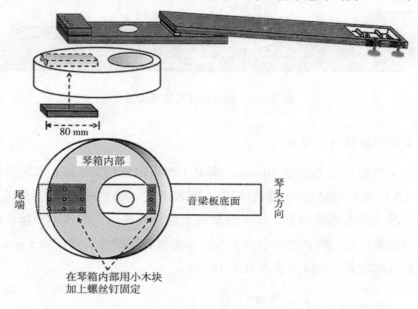

图 5-19　组装琴板与琴箱体

6. 安装音柱

锯切竹筷的圆头部分 58 mm，作为音柱。在音梁板下边，距离尾端 65 mm、距离侧边 18 mm 处，用手电钻钻出一个与音柱直径相同的圆孔，深约 5 mm，并向其中注入少许 AB 胶。然后，将音柱垂直插入、固定。具体可参考图 5-20。

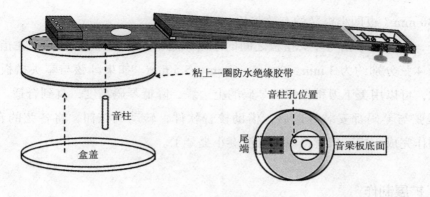

图 5-20　安装音柱

　　在琴箱体与盖子结合的边缘粘上一圈防水绝缘胶带，之后小心地将盒盖盖上、压紧（音柱和音梁体要保持垂直状态，并且音柱在琴箱体的内部应顶紧盒底与盒盖），然后用四颗小螺丝钉从侧面将盒盖与琴箱体固定住。

　　7. 制作琴弓

　　参考图 5-21，将极细的尼龙缝衣线剪切为 800 mm 长，一共需要 80 ~ 120 根。将剪切好的尼龙缝衣线聚拢后，梳理顺直且不互相缠绕，两端打结系牢，作为弓毛。先将弓毛一端绑扎固定在作为琴弓杆的细竹竿一端，然后将细竹竿稍加弯曲，再把弓毛的另一端绑扎固定在细竹竿的另一头。

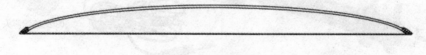

图 5-21　简易琴弓

　　需要注意的是，通常琴弓弯制好后，总长约 750 mm，弓毛应呈现绷紧状态。此外，还应将弓毛打上松香，这样才能用于演奏。

　　8. 上弦校音

　　上弦时，按照 4、1、3、2 的顺序来进行，最细的 E 弦也即 1 弦，装在琴的最右侧。先将弦的头端（缠绕着彩色丝线）穿入穿弦板上对应的位置，再拉至琴头穿入调弦柱上的小孔内，然后转动调弦钮的手柄，把弦稍微拉直，但不要绷得太紧。4、1 弦拉直后，将琴码插入弦下、直立稳固（琴码的码脚应事先用刀修切平整），让两弦压住琴码，然后安装另外两根弦，琴码上各弦间距约 11.5 mm。制作者应特别注意，琴码与其下方琴箱体内的音柱水平距离为 2 ~ 2.5 mm，琴码与琴枕的距离为

328 ～ 330 mm（也即小提琴的有效弦长）。①

此外，要注意琴弦与琴头指板之间的距离，通常在琴枕处为 2 mm，在指板尾端处 1 弦至 4 弦分别约为 3 mm、5 mm、6 mm、5.5 mm。如果琴弦与琴头指板之间的距离太大，可以用美工刀稍微修切琴码的上边缘，降低琴码高度，直到合适。

四根弦与琴码都安装好以后，借助校音软件，转动调弦钮，将各弦的音校准。至此，制作完成，接下来就可以试着演奏小提琴了。

三、扩展制作

自制的简易小提琴共鸣箱比较小，声音不如真正的小提琴洪亮。因此，可以将吉他拾音器固定在琴码前的音梁板上，再配上适合的扩音设备，就可以成为电声小提琴。当然，也可以参考图 5-22，用 50 型 PVC 管及相应的弯头、竹板、木条板等材料，加上吉他拾音器，可以制作出 4/4 规格的简易电声小提琴。

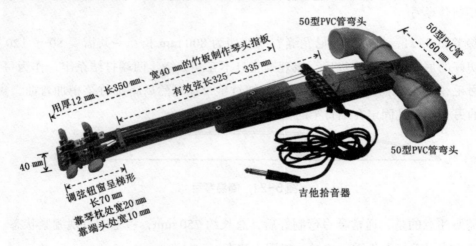

图 5-22　简易电声小提琴

此外，参考图 5-23 的样式与尺寸，还可以制作简易中提琴。

---

① 陈元光 . 提琴的制作与修复 [M]. 上海：上海教育出版社，2005：233-236.

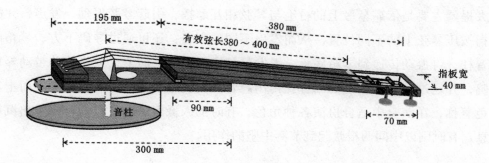

195 mm

380 mm

有效弦长380～400 mm

指板宽
40 mm

音柱

90 mm

70 mm

300 mm

图 5-23　简易中提琴

第三节　简易大提琴

一、大提琴简介

大提琴为西方乐器，大约出现在 1660 年，是由 15 世纪"低音维奥尔琴"或"膝间维奥尔琴"演变而来，是西方管弦乐队中必不可少的低音弦乐器，属于提琴乐器家族中的一员，有"音乐贵妇"之称。大提琴在形制上与小提琴基本一致，只是其弦更粗长、体积更大，此外其尾柱部分有可以伸缩、固定的支脚（也称站脚）。具体可参考图 5-24。

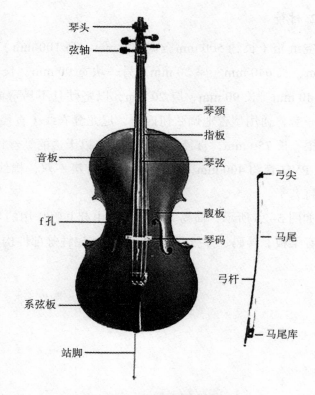

琴头
弦轴
琴颈
指板
音板
琴弦
弓尖
f孔
腹板
琴码
马尾
弓杆
系弦板
马尾库
站脚

图 5-24　大提琴结构样式参考

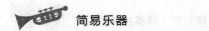

大提琴主要是依靠琴弓上的弓毛与琴弦相互摩擦，引起琴弦振动、发声，并配合手指按压琴弦上的不同位置，从而发出不同的声音；还可通过琴码下方、琴箱内部的音柱，将振动传递到琴箱底板，引发琴箱底板振动、向上反射声波并带动琴箱体共鸣，并通过琴箱面板上的出音孔传出声音。大提琴以其浑厚有力、热烈而丰富的音色著称，在演奏中适合扮演各种角色，有时加入低音阵营，在低音部发出沉重的叹息，有时则以中间两根弦起到节奏中坚的作用。

二、简易大提琴制作

（一）工具与材料

1. 工具

美工刀，螺丝刀，小钢锯，钢丝钳，小铁锤，平口凿刀，手电钻及其钻头，铅笔，圆规，直尺。

2. 材料

空纸箱（长约 500 mm、宽 300 mm、高 100 mm）一个，木条板多块（一块宽 65 mm、长 640 mm、厚 20 mm，另一块宽 90 mm、长 700 mm、厚 20 mm，以及三块宽 40 mm、长 90 mm、厚 20 mm，以坚硬且不易弯曲变形的实木条为佳），大提琴弦一套，通用型吉他调弦钮四个，尼龙缝衣线（直径 0.12 ~ 0.2 mm）若干，细竹竿一根（长 750 mm，直径 8 ~ 10 mm，以干透的琴丝竹竿为佳），大提琴琴码一个，20 型 PVC 管约 400 mm，AB 胶，方头竹筷一双，棉线、防水绝缘胶带、不同规格螺丝钉若干。

如图 5-25 所示，简易大提琴主要由起共鸣作用的琴箱、安装固定琴弦的琴头指板与音梁板、琴码、琴弦、音柱、琴弓、尾柱等部件构成。

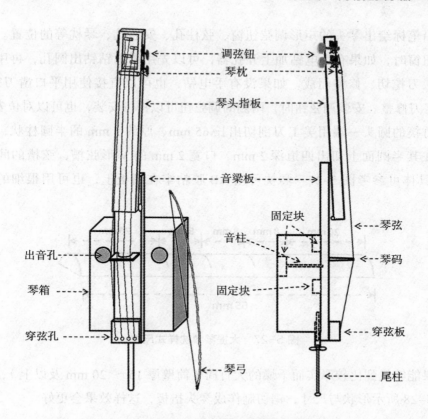

图 5-25　简易大提琴结构样式

（二）制作步骤

1. 制作琴头指板

参考图 5-26，在宽 65 mm、长 640 mm 的木条板上挖切调弦钮窗，安装调弦钮与琴枕，制成带有琴头的指板。

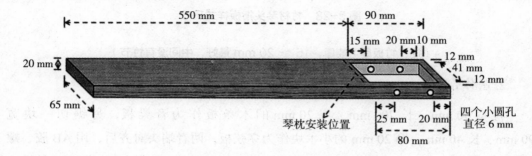

图 5-26　大提琴琴头指板样式尺寸

用铅笔标绘出琴头的矩形调弦钮窗、弦柱孔、安装孔、琴枕等的位置。挖切矩形调弦钮窗时，如果有手电钻加上开孔器，可以先用手电钻钻出圆孔，再用平口凿刀、美工刀挖切、修整而成。如果没有手电钻，也可以直接使用平口凿刀来挖切，再用美工刀修整。安装调弦钮时，两侧的调弦钮可以错位安装，也可以对位安装。

将竹筷的圆头一端用美工刀剖切出长 65 mm、厚约 5 mm 的半圆柱状，削制成琴枕。在其半圆面上切出四道深 2 mm、口宽 2 mm 的 V 形弦槽，弦槽的间距约为 8 mm。具体可参考图 5-27。琴枕可用 AB 胶粘牢在指板上，也可用很细的小铁钉固定。

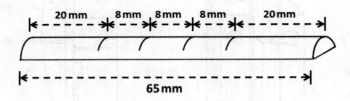

图 5-27 大提琴琴枕样式尺寸

如果能够找到比较厚实而干燥的大竹筒（筒壁厚 15 ～ 20 mm 及以上），也可以参考图 5-28 所示形状与尺寸，锯切制作成琴头指板，这样效果会更好。

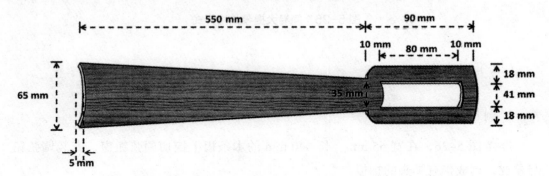

图 5-28 竹材琴头指板样式尺寸

（注：竹板尽可能厚，15 ～ 20 mm 最好，中间没有竹节）

2. 制作音梁板

将宽 90 mm、长 700 mm、厚 20 mm 的木条板作为音梁板，另锯切一块宽 90 mm、长 40 mm、厚 20 mm 的小木块作为穿弦板，两者端头对齐后，用 AB 胶、螺丝钉固定在一起。在穿弦板的尾端距边缘 10 mm 处，用手电钻斜向尾端平行地钻出四个直径约 2.5 mm 的穿弦孔，间距为 35 mm，左右两端的穿弦孔分别距边线约 5 mm。参考图 5-29，用螺丝钉将穿弦板与音梁板组合、固定在一起。

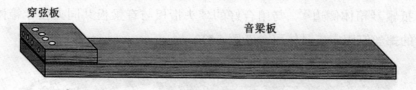

图 5-29　组合穿弦板和音梁板

3. 组合琴头指板与音梁板

锯切一块长 65 mm、宽 50 mm、厚 20 mm 的小木块，修平整后，用 AB 胶或者用很细的小铁钉固定在距音梁板头端约 250 mm 处。然后，将安装好调弦钮的琴头指板尾端对准、压住音梁板上的小木块，即将琴头指板的尾端垫高，斜压于音梁板上，两者之间形成夹角，琴头指板尾端距音梁板约 50 mm，再用螺丝钉将两者固定。具体可参考图 5-30。

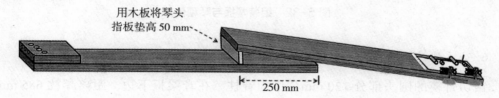

图 5-30　琴头指板斜压于音梁板

4. 制作琴箱体

将事前准备好的纸盒打开，在盒子的底部，参考图 5-31 所示位置，用美工刀对称地挖切出两个直径约 30 mm 的圆形出音孔。

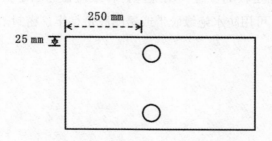

图 5-31　出音孔具体位置示意图

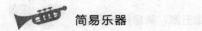

5. 组装琴板与琴箱体

锯切两块长 90 mm、宽 40 mm、厚 20 mm 的木条板作为固定块，从琴箱体盒内的两端（抵紧琴箱体侧边），与组合好的琴头指板与音梁板共同夹住琴箱体底盒面，再用稍长的螺丝钉固定。具体可参考图 5-32。

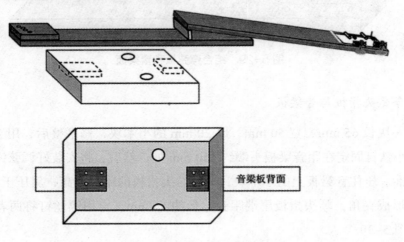

图 5-32　组装琴板与琴箱体

6. 安装音柱

锯切竹筷的圆头部分 120 mm，作为音柱。在音梁板下边，距离琴枕 685 mm、距离侧边 18 mm 处，用手电钻钻出一个与音柱直径相同的圆孔，深约 7 mm，并于其中注入少许 AB 胶。然后，将音柱垂直插入、固定。再用一块长 90 mm、宽 40 mm、厚 20 mm 的木条板作为固定块，其中间用手电钻钻出一个与音柱直径一样的圆孔，深约 7 mm，并于其中注入少许 AB 胶，将音柱的另一端插入、固定。也就是说，音柱是夹在固定板与音梁板之间的，两板应平行。具体可参考图 5-33。然后，将纸盒盖上，在对应音柱固定板的位置，用螺丝钉将纸盒盖与固定板固定住。如果纸盒盖子边缘等处有缝隙，可用防水绝缘胶带或透明胶带粘牢、密封。

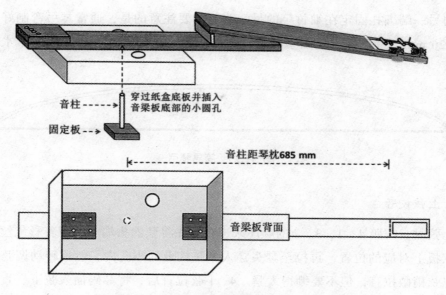

音柱 - - - - - 穿过纸盒底板并插入
　　　　　　音梁板底部的小圆孔

固定板 - - - -

音柱距琴枕**685** mm

音梁板背面

图 5-33　安装音柱

7. 安装尾柱支脚

参考图 5-34，在长 400 mm 的 20 型 PVC 管一端，距端头 15 mm、30 mm 处，用手电钻或其他工具钻出两个直径约 2.5 mm 的小圆孔，然后用两颗螺丝钉将 PVC 管固定在音梁板的尾端背面，PVC 管伸出音梁板的长度为 350 mm。在 PVC 管的另一端，用防水绝缘胶带缠绕数圈，用来防滑、减震。需要注意的是，尾柱支脚的长度可以根据演奏使用者的实际情况来改变。

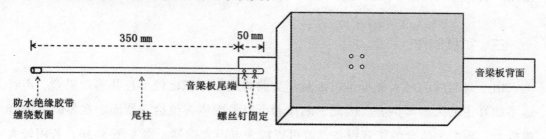

350 mm　　　　　50 mm

音梁板背面

防水绝缘胶带
缠绕数圈　　　　　　尾柱　　音梁板尾端　螺丝钉固定

图 5-34　安装尾柱支脚

8. 制作琴弓

参考图 5-35，将极细的尼龙缝衣线剪切为 800 mm 长，一共需要 80 ～ 120 根。将剪切好的尼龙缝衣线聚拢后，梳理顺直且不互相缠绕，两端打结系牢，作为弓毛。先将弓毛一端绑扎固定在作为琴弓杆的细竹竿一端，然后将细竹竿稍加弯曲，再把弓毛的另一端绑扎固定在细竹竿的另一头。需要注意的是，通常琴弓弯制好后，总长约 720 mm，弓毛应呈现绷紧状态。此外，还应将弓毛打上松香，这样才能用于演奏。

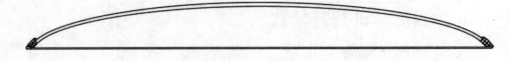

图 5-35　简易琴弓

9. 上弦校音

上弦时，按照 4、1、3、2 的顺序来进行。先将弦的头端（缠绕着彩色丝线）穿入穿弦板上对应的位置，再拉至琴头穿入调弦柱上的小孔内，然后转动调弦钮的手柄，把弦稍微拉直，但不要绷得太紧。4、1 弦拉直后，将琴码插入弦下、直立稳固（琴码的码脚应事先用刀修切平整），让两弦压住琴码，然后安装另外两根弦，琴码上各弦间距约 16.5 mm。制作者应特别注意，琴码与其下方琴箱体内的音柱水平距离为 8 ～ 12 mm，琴码与琴枕的距离为 681 ～ 695 mm（即大提琴的有效弦长）。①

此外，要注意琴弦与琴头指板之间的距离，通常在琴枕处为 2 ～ 3 mm，在指板尾端处 1 弦至 4 弦分别约为 5 mm、6 mm、7 mm、8 mm。如果琴弦与琴头指板之间的距离太大，可以用美工刀稍微修切琴码的上边缘，直到合适。

四根弦与琴码都安装好以后，借助校音软件，转动调弦钮，将各弦的音校准。至此，制作完成，接下来就可以试着演奏大提琴了。

三、扩展制作

由于自制的简易大提琴是以纸盒作为共鸣箱，体积比较小且共鸣效果差，声音远不如真正的大提琴洪亮。因此，制作者可以考虑将吉他拾音器固定在琴码前的音梁板上，再配上适合的扩音设备，就可以成为电声大提琴。参考图 5-36，若用较大尺寸的 PVC 管及相应的弯头、竹板、木条板等材料，加上吉他拾音器，同样可以制作出简易电声大提琴。

---

① 陈元光.提琴的制作与修复[M].上海：上海教育出版社，2005：233-236.

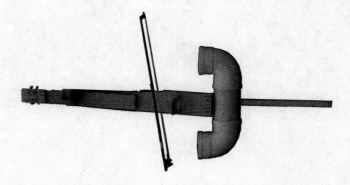

图 5-36　PVC 简易管大提琴

　　此外，参考图 5-37 中的数据，选用适宜的纸盒、木条块等材料，还可以制作简易马头琴。通常，马头琴的琴弓长约 760 mm。

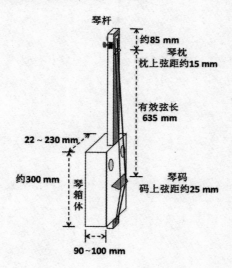

图 5-37　简易马头琴制作尺寸参考

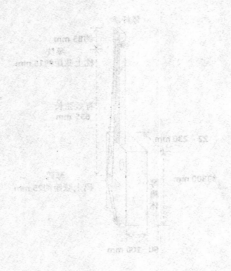

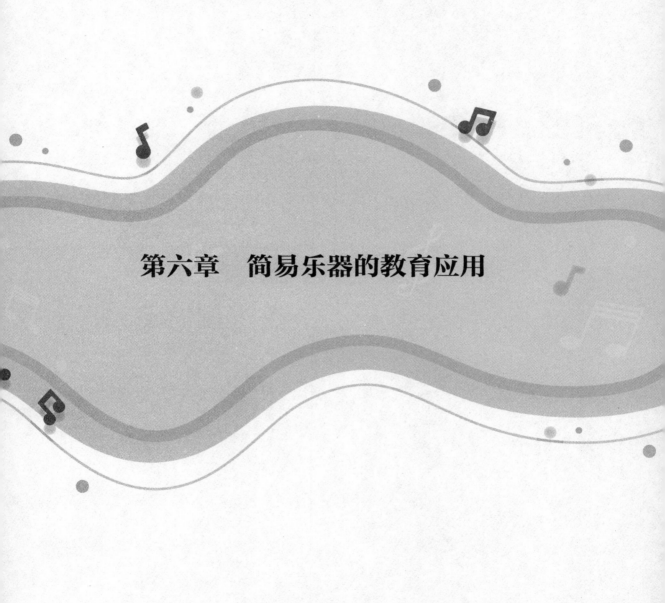

第六章　简易乐器的教育应用

简易乐器一方面成本低廉、易于制作、便于普及，具有较强的可行性；另一方面则因其蕴含丰富的教育功能，能有效地促进人的成长发展，符合学校教育的育人需求，具备活动开展的必要性。因此，简易乐器逐步融入各级各类学校的教育活动中，甚至成为不少学校的特色性、综合性教育活动，并在学校教育活动中发挥着育人作用。

第一节 简易乐器的教育功能

从总体上讲，简易乐器创制与演奏活动对人的发展具有四方面的教育功能，即认知拓展深化功能、实践技能提升功能、能力发展培养功能、德育引领养成功能。

一、认知拓展深化功能

任何一件简易乐器的制作，制作者都要做到以下几点。

第一，制作者需要对乐器原型的相关基础知识有所了解，需要知道该乐器的样式形制、主要特点、发音原理、演奏使用方法等知识。因此，通过简易乐器的制作，可以有效拓展制作者的乐器知识，提升其音乐素养。

第二，制作者要"谋定而后动，知止而有得"。制作简易乐器，需要有周密的思考、设计与工作谋划，这样才能提高后续制作工作的效率，避免浪费时间与材料，减少走弯路的可能。[1] 因此，通过简易乐器制作活动，可以使制作者特别是中小学生了解设计的基本知识，养成事前仔细谋划、科学合理构思的良好习惯，避免盲目蛮干。

第三，选材是制作简易乐器中较为重要的环节，通过合理选材，可以使制作者增加对相关材料特性的了解，扩展有关材料的知识。

第四，对材料进行加工，是简易乐器制作活动中不可或缺的环节。这个环节可

---

① 陈小凤.谋定而后动，知止而有得：基于"目标导向"的学校管理认知与实践[J].师道：教研，2020（5）：17-18.

以使制作者了解相应工具的基础知识，为合理、灵活运用工具奠定基础。

第五，一件简易乐器，除了声学音效上的特点，还有外在形态、纹饰、色彩等视觉上的特点。因此，制作简易乐器，常需要进行美化处理，这有助于扩展制作者的装饰与美学知识。

简而言之，开展简易乐器制作活动，有助于促进参与制作者学习了解多方面的知识，丰富知识储备，拓展深化认知。

二、实践技能提升功能

简易乐器不会凭空产生，需要制作者动手制作，其制作过程有助于促进制作者实践操作技能的获得与提升。在简易乐器的构思设计过程中，常需要估算制作的尺寸大小，绘制简易乐器的制作示意图或草图，这在一定程度上有助于提高制作者的设计技能。通过各种途径收集获取的简易乐器制作材料，其大小、形状等并不一定完全符合制作的需要，通常需要使用工具进行裁切分割、锉磨削剪、钻凿打孔、拼接组装等加工处理，这可以让制作者提高动手操作技能。初制完成的简易乐器，如果任其保留原有材料的表面形态，会因粗糙、不够精美而缺乏艺术美感。这时常通过粘贴、涂刷、绘制、刻画以及书写等多种方式进行美化，这样的工作可以帮助制作者提高美化操作技能，提升美学修养。将制作成功的简易乐器用于演奏学习与练习，则可以帮助制作者习得乐器演奏技能，提高演奏能力。因此，开展简易乐器制作活动能够让参与制作者在多个方面得到动手的机会，提高其实践操作技能。

三、能力发展培养功能

制作者参与简易乐器制作活动，在拓展认知积累、获得实践技能的同时，还有助于其多个方面能力的发展。

在获得简易乐器相关知识的过程中，制作者往往是从多个渠道，如通过查阅书籍或期刊，或通过网络搜索等获取所需要的知识，知识信息来源多元化且信息量相对庞杂而巨大。简易乐器制作者需要认真分析海量的参考信息，才能获得有用的知识。因此，这个过程有助于帮助制作者训练获取信息、加工信息、运用信息等方面的能力，从而促进认知学习能力的发展。

在简易乐器设计、制作与使用过程中，一方面总是会出现各种各样事前意想不到的问题。面对这些问题，需要制作者与使用者通过仔细分析、综合、概括与抽象、比较、判断、推理等一系列过程，获得理性认识，并以理性的态度来解决问题，而不能一味盲目蛮干，这样的过程有助于促进人们思维能力的发展。另一方面，制作简易乐器的材料、工具可能有多种选择。一种材料会有多种用途，一件工具也可以有多种使用方法，一种乐器可能会有多种制作方法，需要制作者根据实际情况灵活运用、综合处理，进而有效促进应变能力与综合应用能力的发展。简易乐器并不等于对真实乐器的完全模仿复制，常需要制作者在保证演奏效果的前提下，从样式形制、结构等方面加以改进，甚至突破旧有规制的限制，创造新型的乐器。因此，通过简易乐器制作活动，可以有效促进制作者创新能力的发展。除此之外，对于初制成功的简易乐器，创作者要按照自己的喜好进行美化，这样不仅可以增强简易乐器的艺术性风格，还能促进制作者提高艺术展示与表达能力。

显而易见，通过简易乐器制作活动，能够让制作者在多个方面获得体验与训练，可以促进其多个方面能力的发展与提高。

四、德育引领养成功能

简易乐器制作活动还能有效引领制作者在情感、态度、价值观等方面得到提高，促进立德树人目标的实现。流传至今的各种民族乐器，是富有中国传统文化特色与民族精神的宝藏，也是简易乐器制作的重要参考对象。通过自制与使用简易民族乐器，人们可以获得相关的民族乐器发展演进历史知识，了解民族乐器发展演进背后的经典动人故事，体会深藏在中国人骨子里的传统文化素养，感受源远流长、蓬勃发展而延续至今并不断创新发展的中华文化，增强民族认同感，提高民族自信力。

音乐是艺术，也是科学，简易乐器也不例外。一件简易乐器的设计制作，需要搞清楚其发音原理，需要明白其内在的音律规制，需要以科学合理的方式进行设计与加工制作，如此才能获得成功。因此，通过简易乐器制作活动，可以有效消除乐器的神秘感，使人们学会科学地看待问题、解决问题，形成崇尚科学、讲科学与用科学的正确态度。

生活中的各种日常用品或废旧物品，都有可能成为简易乐器的原材料。适度留存、合理选用，可以有效降低简易乐器的制作成本，还能减少环境污染、保护生态环境。因此，通过对废旧物品的收集、选择，并在制作简易乐器时加以合理使用，可以有效促进人们环保与节约观念的形成，强化绿色环保生态理念。

由于制作者不是乐器制作的专业人员，既没有专业的工具，也没有专业的制作

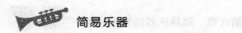

技术，在制作简易乐器过程中，可能会遇到这样或那样的制作难题，出现各种各样的困难。而正确面对各种困难，充满自信、不怕困难、持之以恒、勇于钻研，敢于大胆尝试与突破障碍的工作过程，有利于培养制作者的意志力与科学攻关的精神，促进其良好品德的形成。

尺有所短，寸有所长。每个人都有自己的长处，也有不足。在制作简易乐器的过程中，制作者可能擅长某些工作步骤或某些零部件制作，而不擅长其他部分的工作。因此，在简易乐器制作活动中，适度的相互帮助、团结协作，既有利于发挥团队的力量，也有助于促进人们团队合作意识与协作精神的形成。

上述四大教育功能中，认知拓展深化功能是基础，实践技能提升功能是在认知积累基础上的物化外显实现，能力发展培养功能则是知识与技能基础上的升华，而德育引领养成功能才是教育培养人的根本目标，即简易乐器制作只是手段，育人才是最终目标。四大功能虽各有侧重但又相互交融渗透，共同构成简易乐器制作的金字塔型教育功能系统。概而言之，简易乐器从设计制作到使用演奏，不仅能有效拓展深化人的认知、提升人的实践技能、发展人的培养能力，还能引领品德修养，蕴含综合性、系统性的教育功能，在立德树人、有效促进人的成长发展方面，具有不可忽视的作用。

第二节　简易乐器的教育应用范畴

简易乐器活动，通常包括简易乐器制作、简易乐器演奏使用两个方面，在学校教育、校外教育以及家庭教育活动中都能找到其用武之地。

一、在学校课程教学中的应用

依托学校课程，在相关内容的教学中，开展简易乐器活动，是推广简易乐器活动的重要途径，有利于提高学生的综合素养。

从学校教育角度来看，简易乐器活动是音乐、科学等课程中的内容，在国家义务教育课程标准中有明确的相关要求或教学建议。

例如，在《义务教育艺术课程标准（2022年版）》中关于音乐课程部分，明确要求3～5年级学生能够"选择身边的材料，自制简易乐器，尝试演奏""能运用生活中的物品自制简易乐器，为歌曲伴奏或表现音乐情境"，6～7年级学生"能用自制的打击乐器或简易音高乐器演奏简单的节奏和旋律，或为歌曲伴奏"，8～9年级的学生应"利用生活中的物品自制简易乐器"。

在《义务教育科学课程标准（2022年版）》中，明确要求3～4年级的学生"制作能产生不同高低、强弱声音的简易装置"，建议"以项目研究的方式制作简易小乐器"。

除了上述国家课程标准中有关于简易乐器活动的具体要求，在人教版、科教版等各种版本的小学科学、音乐、美术等教材中，也有关于简易乐器制作与使用的教学内容，限于篇幅，此处不再一一列举。

基于国家课程标准的要求，不少学校把简易乐器活动纳入相关的课程教学中，并取得了一定的成效。笔者通过知网、维普等网站收集、分析已公开发表的有关简易乐器活动的研究论文，发现简易乐器活动主要是在各地小学的音乐、科学课程中开展，在中学、大学中则较少开展。

笔者所在的宜宾学院，长期坚持在小学教育专业"小学教具与课件设计制作""小学教师技能训练""小学科学实验与科技制作"等课程中设置"简易乐器设计制作"教学模块，还曾在小学教育专业开设过"简易乐器设计与制作"选修课程，并依托课程教学，自2015年起，连续举办了七届"简易乐器大奖赛"。此外，小学教育专业学生制作的部分简易乐器作品还入选参加了2018年的教育部本科办学水平评估检查专题展览，受到教育部评估专家的一致肯定与好评。

二、在学校第二课堂中的应用

由于不少简易乐器的制作本身耗时较多，加上制作技术与能力有限，以及工具、材料等条件的限制，学生往往不可能在有限的课堂教学时间内完成制作。因此，不少学校把简易乐器活动纳入第二课堂，通过组织课外兴趣小组或特色兴趣班、组建学生社团等形式，组织学生利用课余时间开展简易乐器活动。

通过学校第二课堂组织学生开展简易乐器活动，有诸多好处。其一，在时间上相对比较宽裕，不受课堂时间限制，能在时间上保证制作活动的连续性。其二，参加的学生通常对简易乐器有较为强烈的兴趣，主动参与性强，活动中的投入程度高，有利于活动组织开展，组织性较好。其三，因自愿或教师选拔参加，参与的学生人数相对不多，工具、材料等能得到一定程度的保障，有利于教师个别指导，也有利于学生提高制作效率。但是，通过第二课堂开展简易乐器活动也有一定的局限性，主要是学生参与面受到影响，不能做到学生全员参与。

三、在校外教育活动中的应用

校外各种机构，如青少年宫、各类教育培训机构、乐器生产销售与推广机构等，利用各自的资源条件，组织开展简易乐器活动。具体应用如下。

（1）各地有一定条件的青少年宫可以利用节假日、寒暑假等时间，在开办的音乐、科技制作等兴趣班的教学内容中融入简易乐器活动项目，组织中小学生开展简易乐器制作与演奏活动。青少年宫通常涉及的乐器种类较少，主要是简易打击乐器、吸管排箫等。

（2）各类教育培训机构可以充分利用自身的优势与条件，把简易乐器活动作为音乐与乐器的启蒙活动，或者是简易乐器类的创意手工制作活动。这对吸引学员参与、培养兴趣等有较好的作用。

（3）此外，有条件的乐器生产销售与推广机构可以组织某些乐器的 DIY 组装制作活动。通过提供乐器零部件及工具、耗材，专业人员现场指导组装与使用，如组装尤克里里、排箫等，提高学生的动手能力。

校外教育活动中开展的简易乐器活动，通常规模小、涉及简易乐器种类少，但有学校教育所不具备的资源与条件优势，有较好的制作成效，是学校内部简易乐器活动的重要补充，值得推广。

四、在家庭教育中的应用

有条件的家庭，家长可以带领、指导孩子开展简易乐器活动。有不少家长本身就喜爱音乐、有乐器特长、有一定的动手制作能力，完全可以带着自己的孩子，以各种废旧物品作为原材料制作各类简易乐器，并指导孩子学习演奏。家长也可以通过网络购买便宜的乐器零部件、半成品，指导孩子使用家里的工具组装制作乐器。在家庭教育中融入简易乐器活动，既改善亲子关系、营造良好氛围、激活家庭活力，又能有效引领孩子提高综合能力、提升艺术素养，对家庭文化氛围建设、孩子的健康成长都起着重要作用，值得每一位富有责任心的家长去努力尝试。

总之，具有丰富教育功能的简易乐器活动，在学校、校外以及家庭教育活动中都能占有一席之地，都可以发挥其应有的作用。

第三节　简易乐器教育应用的基本原则

简易乐器活动成本低、富含教育功能、易于组织开展，但为保证其成效性，提高工作效率，在实际的教育应用中，相关人员应注意遵循以下五个基本原则。

一、目标明确原则

为保证活动开展的针对性与实效性，开展简易乐器活动时，相关人员应确立明确而适宜的目标。为此，相关人员要从认知拓展深化、实践技能提升、能力发展培养、德育引领养成四个方面系统性地确定活动目标。同时，相关人员应注意不能随心所欲，更不能贪大求全，要具体定位于制作完成某种乐器上，既要有功能实现目标，也应当有样式形制目标。制作出的简易乐器要能够用于音乐演奏，这是最起码的目标要求。否则，就失去活动意义了。

二、因地制宜原则

无论是在学校内还是在学校外，组织开展简易乐器活动时都要从实际出发，因地制宜、量力而行。相关人员要考虑以下几点：其一，要考虑现实的物质条件，要以现有的或易于获取的材料、工具作为基础，包括可替代使用的材料与工具；其二，要考虑开展制作活动的场地或空间环境条件是否适宜；其三，要有可供参考的制作资料或乐器实物样品。

立足实际条件，简易乐器才更有可能制作成功。

三、因人而异原则

开展简易乐器活动，应注意因人而异，合理谋划。相关人员要根据制作者的实际情况开展简易乐器活动：其一，要注意考虑制作活动参与者的兴趣倾向，从其最有兴趣的方面加以引导，这样才能有效激发制作者的主动性；其二，要注意考虑制作者的知、技、能基础水平，针对性地选择制作内容以及材料、工具。

四、循序渐进原则

为保证简易乐器制作活动的有效性，提高活动成效，通常可以由易至难的顺序进行，从最容易制作成功的简易乐器入手，循序渐进、逐步深入。如可以先制作简易手鼓、沙锤等打击乐器，再制作简易排箫、哨笛等吹管乐器，后续再根据情况逐步增加难度，尝试制作简易弹拨乐器、拉弦乐器。

五、系统综合原则

在简易乐器活动中，要注意系统观的融入。在具体的制作活动中，制作者应把简易乐器作为一个整体来系统考虑，既要重视声效发音功能，又要重视外在形态样式及适度美化。从培养人、促进人发展的角度讲，在组织开展简易乐器活动过程中，相关人员要注意培养参与者的综合能力，提高其综合素养，而不能只强调或注重某一个方面。此外，相关人员既要考虑简易乐器的制作，又要从简易乐器的演奏使用角度来考虑活动的组织开展。

第四节　简易乐器教育应用参考

结合已有的实践及相关研究，从总体上看，目前简易乐器的教育应用主要有以下四种方式可供参考。

一、课堂教学同步活动

借助学校课程，利用课堂教学开展简易乐器活动，是目前学校教育中开展简易乐器活动的主要形式。比较典型的是，在小学四年级的科学课程中，针对"声音的强弱与高低"部分的教学，结合教材中关于简易乐器的内容，组织小学生开展简易乐器创制与演奏活动。在具体的教学中，教师指导学生利用各种废旧物品或廉价材料制作简易排箫、橡皮筋琴、单弦琴等，制作的乐器以吹管乐器、弹拨乐器为主。有条件的学校还会在课后选择较为成功的学生作品，将其放在特定位置展示。

在小学音乐课程中，针对"自制小乐器"部分的教学，组织小学生开展简易乐器创制与演奏活动。在具体的教学中，教师可以指导学生利用各种废旧物品或廉价材料制作简易排箫、简易手鼓等，制作的乐器以吹管乐器、打击乐器为主，并有后续的演奏活动。

在小学美术课程中，针对三年级上册"第 17 课　会响的玩具"、六年级上册"第 10 课　我做的乐器"等内容，组织小学生开展简易乐器创制活动。在具体的教学中，教师可以指导学生利用各种废旧物品或廉价材料制作各种常见的简易乐器，但主要是强调乐器形态模仿制作，以对简易乐器进行构型、美化为主要活动内容。

二、课外拓展延伸活动

由于受学校内课堂教学时间较短的限制，教师没有足够的时间指导学生完成有一定复杂程度的简易乐器设计制作。因此，教师可以在科学、音乐课程的基础上，结合《中小学综合实践活动课程指导纲要》中"创意物化""设计制作"部分的相关内容与要求[①]，利用课外的时间来组织开展简易乐器活动。

通常，教师可以在学校提供活动场地、工具与材料等支持的前提下，以学生自愿报名参与为基础，以组织课外兴趣小组或专题项目工作组的形式，充分发挥自身的特长与优势，结合本地乡土资源指导学生开展简易乐器活动。由于时间相对充裕，可以开展一些有一定复杂程度的简易乐器制作活动，如制作弹拨乐器、拉弦乐器等。

此外，还可以组织简易乐器小乐队，让学生可以利用课外时间进行简易乐器的演奏学习与展演活动。

三、创新竞赛评优活动

以竞赛活动方式组织开展简易乐器活动，是简易乐器在学校教育中应用的另一种常见方式。有条件的学校可以依托本校的各类大型活动，如艺术节、科技活动周、环保手工节等，在其中设置简易乐器竞赛项目，组织开展相应的创新竞赛评优活动。学校也可以根据实际情况，组织专门的简易乐器制作与演奏竞赛活动。

这种应用方式没有人数上的规定，有可能无法做到全体学生参与，也可能会出现只有少数学生报名参加的情况。因此，为保证活动的效果，组织者首先需要在竞赛活动之前，通过组织相应的教学推广活动等方式，保证有一定的简易乐器知识的

---

① 中华人民共和国教育部.教育部关于印发《中小学综合实践活动课程指导纲要》的通知 [EB/OL].（2017-09-27）[2023-01-25].http：//www.moe.gov.cn/srcsite/A26/s8001/201710/t20171017_316616.html.

普及面；其次，组织者要有针对性、有重点地选择、指导部分对简易乐器有强烈兴趣的学生，开展研究创制工作，保证有核心参与人员，使其在学生中产生示范、引领与导向作用；再次，组织者要利用多种形式、多种渠道宣传活动，动员更多的学生参与简易乐器创制与演奏竞赛活动；最后，组织者在设计策划竞赛活动时，可适度降低评比评分的标准，在奖项设置上也可以适度增加奖项、扩大获奖面，以便吸引更多的学生主动积极参与。

需要注意的是，以竞赛评优方式开展简易乐器活动，一般不会让制作者现场制作乐器，而是根据制作者上交的作品评分评优，或者是通过现场演奏评分评优。

四、商业营销介入活动

随着近年来乐器 DIY 活动的兴起、网络购物平台上乐器 DIY 套件的推出，乐器生产厂家或销售商家可以采用各类商业营销方式组织开展简易乐器活动。

如洛阳的"景陶手工坊"策划组织的"手工乐器尤克里里"活动，平顶山"福缘学堂"策划组织的"DIY 木制莱雅琴"活动等，均属此类。

一方面，这种活动方式是以商品化量产的乐器零部件的组装、乐器外观美化等为主要活动内容，技术难度不高；另一方面，由于有专业生产厂家的参与介入，不仅在材料、工具上有足够的保障，还会有专业的生产技术人员参与制作指导。因此，制作成功率较高，也能让制作者有很好的乐器手工制作体验。只不过此类形式的活动需要的经费开支较大，如果乐器生产厂家或销售商家出资组织，也不失为一种很好的方式。

此外，也有乐器生产厂家，如杭州余杭紫荆村的"中泰竹笛"，利用"竹笛艺术夏令营"等形式，组织学生进入乐器厂参观、体验乐器制作。这也是简易乐器活动可以借鉴、参考的一种方式。

第五节　简易乐器的评价

在学校开展简易乐器活动，常会涉及对简易乐器进行评价的问题。按照预定的标准，通过一定方式对简易乐器进行评价，有助于人们总结经验教训，发现工作中存在的问题，能够为后续改进工作、提高工作成效提供参考。

一、简易乐器评价的功能

所谓评价，通常是指评价者依照预先确定的标准，按照预定的程序，运用科学的评价方法，对评价对象的工作结果进行定性或定量的考核和评价。①

合理而有效的评价对于简易乐器活动的持续开展具有引领导向、诊断鉴定、激励促进三个方面的功能。

（1）引领导向功能。通过合理的评价，特别是通过竞赛、考核等形式进行评价，不仅能为后续简易乐器活动提供样品参考与工作示范，还能有效地引领、指示简易乐器研究与创新制作的发展方向，促进简易乐器设计与制作技术的发展，对后续的简易乐器活动具有显著的引领导向作用。

（2）诊断鉴定功能。通过合理的评价，能够从理论与实践两个层面甄别、发现简易乐器设计与制作工作中存在的不足之处，关键是可以找出已完成的简易乐器还存在的问题，便于人们及时系统性地总结经验教训，以备后续进一步修改、完善与提高。

（3）激励促进功能。通过合理的评价，可以发现或确定简易乐器设计与制作中的创新与成功之处，能够使参与者获得巨大的成就感与满足感，有效激励参与者后续有更多、更深入的投入。特别是带有竞赛选优性质的评比评价，对简易乐器活动参与者具有较强的激励促进效应。因此，在现实的评价工作中，为激发参与者的主动性、创新积极性，应更多地提倡实施正面评价。

综上所述，在学校的简易乐器教育应用工作中，对简易乐器进行评价是有意义且必要的工作。

二、简易乐器评价的基本原则

对简易乐器进行评价，具有重要的意义，为保证评价的合理性与有效性，相关人员应遵循相应的基本原则，不能盲目而随意地实施。

（一）目的指向性原则

实施评价工作，首先必须有清晰而明确的评价目的指向，即所实施的评价是什

---

① 王景英.教育评价学 [M].长春：东北师范大学出版社，2005：1.

 简易乐器

么性质、通过评价想要达到什么目的。因为评价的目的不同，评价所用的方法、标准以及评价的结果等会产生显著的差异。因此，评价者要明确所实施的评价究竟是考核达标性质的评价，还是竞赛评比评优性质的评价，不能做无目的或目的性不明确的评价。

（二）客观公平性原则

在实施评价工作中，评价者必须坚持从实际出发、实事求是、公平合理的态度。评价指标的制定应符合实际，并在评价过程中严格执行，针对实际情况，客观而公平地对简易乐器的设计与制作进行分析、评估与判断，既不能对相关问题夸大其不足，也不能有意地去掩饰缺陷。相关人员要特别注意，在评价工作中切忌先入为主，更不能带有任何个人主观色彩。

（三）系统综合性原则

评价者实施评价工作，要注意从多个角度、多个层面来考虑，进行系统性的综合评判。首先，评价的指标体系不能只强调某一个方面，而应当尽可能全面而系统化；其次，不能只重视少数评价指标或只针对某一方面，也不能只使用一种评价方法，而应当从实际出发，定性与定量相结合，运用系统的评价方法，通过合理而严谨的工作流程，全面、仔细地考察简易乐器设计与制作的各个方面、各个环节，既要考虑整体，又要注重细节，这样才能保证评价的有效性与合理性。

（四）激励促进性原则

评价工作的最终目的不是优胜劣汰，而是有效促进简易乐器活动的后续开展，是更好地提高人们的工作水平与工作效率，促进人的发展。因此，评价者要着眼于有效促进简易乐器设计与制作工作质量的提高，坚持从正向鼓励角度，通过合理的评价，鼓励富有原创性、个性化的简易乐器设计与制作者，注重评价所带来的激励效应，而不能打击参与者的积极性。

综上所述，简易乐器的评价工作是一项较为严肃的工作，直接关系到后续工作质量的提高与否，在实施过程中不能有半点弄虚作假，必须慎重为之。

三、简易乐器评价的参考标准

要对简易乐器实施评价，评价者先要制定明确而客观合理的评价标准。评价者通常是采用定性与定量相结合的办法来制定评价标准，具体可参考表6-1。

表6-1 简易乐器评价标准

项目分类	指　标	评分标准	分　值
设计制作（70分）	科学性	设计、制作符合相关科学原理，能准确反映所仿制乐器本身的特点。结构合理、比例恰当、校音准确、音效良好	20分
	简易性	材料选择得当，环保节约，制作所需工具简单，制作加工技术简单易行，组装、拆解、收纳、携行方便	20分
	实用性	符合安全要求，易于演奏操作，美观耐用，便于推广	15分
	创新性	在形制设计、材料选择、加工技术、美化等方面有所创新，富有个性化特色	15分
演奏展示（30分）	完备性	规定时间内，完成乐曲主要旋律或乐句的演奏，能让评委、听众分辨出是什么乐曲	10分
	准确性	音准合谱，节奏准确，演奏技术运用合理	10分
	表现力	台风端正，优美动听，富有音乐艺术表现力与感染力	10分

注：1. 如果是用于考核，则满分100分，≥90分为优，80～89分为良，70～79分为中，60～69分为及格，＜60分为不合格。

2. 如果是用于竞赛，则可以根据简易乐器的种类、制作的难易程度等设置不同的起评分。

表6-1所示的简易乐器评价标准是笔者自2015年初步拟定、应用后，历经七届"简易乐器大奖赛"试用，不断加以修改、调整而制定完成的。其评价内容分为两个维度、七个子项，包括简易乐器的设计制作、演奏使用两个方面，是从整体的角度，定性与定量相结合，来对简易乐器进行评价。评价者在具体应用时，可根据实际情况，对具体评价项目的分值有所调整，灵活运用。

四、简易乐器评价的实施

评价者对简易乐器实施评价时主要有自我诊断、考核评估、竞赛优选三种形式。

（一）自我诊断评价

个人对自己设计制作的简易乐器进行评价，主要有形成性评价与总结性评价两种。

1. 形成性评价

形成性评价也可称为过程性评价，主要是指在简易乐器的设计、制作过程中，针对最终的成品结果要求。从构思设计、选材、加工处理与组装、美化等各个环节进行诊断，找出可能存在的问题，分析产生问题的原因，以便能及时加以调整、修正与改进，从而保证整个工作不会偏离预设的目标。

为方便个人自主实施评价工作，建议采用工作进程表的方式来进行。首先是以列表方式将简易乐器相关工作分解为详细的步骤；其次是在具体工作过程中，对照表格内容逐项进行检查，以便发现问题、调整改进。对于简易乐器制作还不太熟练的新手来说，这种评价方式便于操作，也具有较好的促进作用。

2. 总结性评价

总结性评价也可称为终结性评价，是指对简易乐器的最终成品作出评价，主要是判断所制作的简易乐器是否实现了预期目标，是否可用于演奏。这种评价通常采用以定性为主的目标参照评价方法，即以预先设定的评价标准体系，从外在样式形制、音色、音准、音量等方面逐项对简易乐器进行评估评测，最后得出评价结果。由于是自我评价，不存在分等次或选优评奖等问题，因此不需要具体地评分评等，操作较为方便。

需要提醒的是，每一位简易乐器的制作者都会非常珍视自己花费了大量心血制作出的作品。因此，在实施自我评价时，难免会有敝帚自珍、自我陶醉的心态，对自己的简易乐器作品只看到诸多优点，而不自觉地掩盖或回避客观存在的不足与缺点。因此，在实施自我评价时，简易乐器的制作者应注意提醒自己，要尽可能保持头脑的清醒与冷静，以防影响评价的准确性与有效性。

（二）考核评估评价

在学校音乐、科学、美术等相关课程教学中，对学生制作的简易乐器进行分数或等级评定，即属于考核评估评价，通常采用终结性评价的方式来进行。这种评价可参考前文提到的笔者制定的简易乐器评价标准，采用定性与定量相结合方式，按照相应的指标项目，逐项对简易乐器进行考察、评估，最后评出分数、等级，作为简易乐器作品的最终评价结果。

评价者在实施评价过程中，要特别注意贯彻激励促进性原则，坚持从正向鼓励角度来评判学生的简易乐器作品，注重学生在其中所展现出来的态度与努力程度，善于发现其中的创新闪光点，在具体评分评等上可适度提高得分或等级。

（三）竞赛优选评价

如果是组织某一级别的简易乐器比赛，所涉及的评价即属于评优选拔性质的评价，通常是采用定性与定量相结合的常模参照标准评价，其主要包括以下四个工作步骤。

1. 准备工作

首先要有专门的竞赛组委会，或者是相关部门、机构牵头负责，制订整体的工作计划，设定、发布比赛的基本规则、章程等。再选聘具有相应资质的人员组成评委会，然后由评委会全体成员共同商议，拟定形成具体的评价标准细则、评价方法、基本流程等。

2. 相关资料收集整理

如果只是简易乐器作品的制作比赛，则由组委会工作人员负责，收集简易乐器作品、参赛人员信息，包括简易乐器名称、类别等相关的材料，并用适宜的方式将简易乐器作品匿名编号。再寻找合适的场地，将简易乐器作品分类陈列布展。如果是简易乐器演奏比赛，需要简易乐器制作者现场演奏，组委会工作人员要收集参赛人员信息，包括简易乐器名称、类别、演奏曲目等相关的材料，并安排参赛人员抽签决定演奏的顺序。

3. 竞赛展示与实施评价

如果只是简易乐器作品的制作比赛，则由组委会工作人员负责，组织评委进入简易乐器作品陈列布展地点，由评委自主考察、试用展示的简易乐器，其独立进行评分后，将评分结果交给组委会负责收集的工作人员汇总。如果是简易乐器演奏比赛，则应选择适合的场地，在组委会工作人员主持下，参赛人员按顺序依次演奏简易乐器，评委会成员根据参赛者的演奏情况，现场独立评分，之后组委会工作人员负责收集汇总。

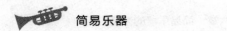

以上两种方式都需要组委会工作人员进行比赛成绩的汇总计算，通常是去掉最高与最低分，取剩下分数的平均分作为参赛作品的最终成绩，最后评出比赛成绩等次。

4. 公布评价结果

最终的竞赛获奖情况由组委会或相关授权机构发布，并组织颁奖。竞赛活动的相关信息资料则应及时全部归档保存，以备后查。

这种评价方式过程复杂、耗时较长，需要细心策划、精心组织，也需要有一定的经费支持。但对简易乐器的制作者，则可以带来巨大的成就感与满足感，也可以给其他人带来示范效应，有助于促进简易乐器活动的广泛普及与深入开展。

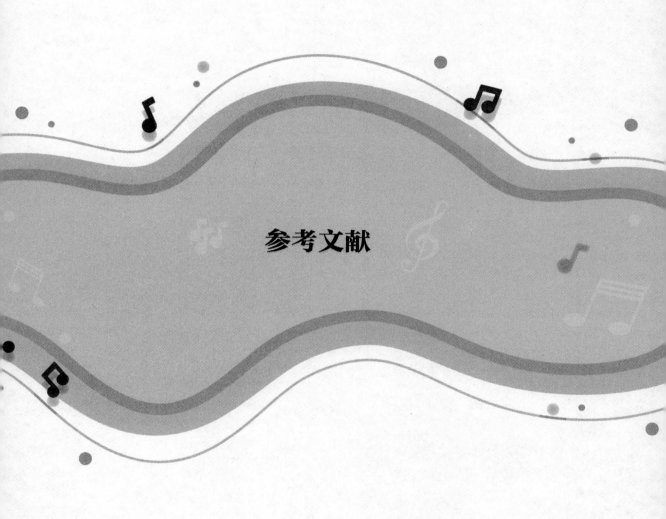

参考文献

[1] 上海市文化广播影视管理局.上海民族乐器制作技艺 [M].上海：上海人民出版社，2015.

[2] 乐声.四种常用乐器的制作 [M].北京：人民音乐出版社，1975.

[3] 沈正国，江东，陈书明.乐海斫影：中国传统乐器制作现场实录 [M].上海：中西书局，2012.

[4] 董源.最新中西乐器制作装配工艺及通用技术与质量鉴别标准实用全书 [M].北京：中国音乐学院出版社，2004.

[5] 乐声.民族乐器制作概述 [M].北京：中国轻工业出版社，1980.

[6] 蔡霞.排箫声学特性实验探究 [C]// 中国公路学会桥梁和结构工程学会.2015 年全国声学设计与噪声振动控制工程学术会议论文集.北京：人民交通出版社股份有限公司，2015.

[7] 赵洪啸，吴丹.用 PVC 管自制 15 管排箫 [J].乐器，2006（8）：20–21.

[8] 丁云海.排箫实用教程与考级 [M].广州：暨南大学出版社，2010.

[9] 武际可.怎样制作笛子 [J].力学与实践，1992（6）：70–71.

[10] 赵松庭.笛艺春秋 [M].杭州：浙江人民出版社，1985.

[11] 欧阳平方，张应华.基于乐器声学视角的葫芦丝研究 [J].内蒙古大学艺术学院学报，2013，10（3）：84–89.

[12] 张恩德，钟双龙，马泽鹏.水瓶琴发声原理的深入研究 [J].物理教师，2014，35（3）：44–46.

[13] Clunsdy.原声吉他内部构造详解 [J].乐器，2010（1）：84–87.

[14] 陶运成.古琴制作法 [M].北京：中华书局，2014.

[15] 王鹏.斫琴漫谈（下）[J].乐器，2011（03）：10-13.

[16] 苏璇.二胡长弓演奏的基本动作和要求 [J].北方音乐，2015，35（18）：64.

[17] 韦玮，韦俊云.谈二胡的千金最佳位置 [J].舟山师专学报，1994（1）：80.

[18] 乐声.小提琴制作 [M].北京：中国轻工业出版社，1987.

[19] 赵小璐.演奏过程中小提琴弦振动与琴体腔谐振研究 [J].北方音乐，2015，35（11）：156–157.

[20] 王旭.谈大提琴演奏的发声原理 [J].戏剧之家，2015（7）：80.

[21] 陈元光.提琴的制作与修复 [M].上海：上海教育出版社，2005.

[22] 裴更生.柳琴的过去与现在 [J].剧影月报，2008（1）：107.

[23] 齐慧庆.奚琴的起源和发展 [J].内蒙古社会科学，1985（6）：68.

[24] 俞国珍.弯管笛吹皱茫茫《大漠》[J].乐器，2005（12）：29.

[25] 赵洪啸. 用药瓶自制五孔陶笛 [J]. 乐器，2019（2）：36-39.

[26] 依江宁. 废旧油桶做成吉他好拉风 [J]. 深圳青年，2019（2）：12-13.

[27] 李丰. 制作简易"电子二胡" [J]. 发明与创新（学生版），2008（1）：18-19.